＼今すぐ使える／
かんたん
mini

Office 2021／Microsoft 365［両対応］

Outlookの基本と便利がこれ1冊でわかる本

リブロワークス 著

技術評論社

本書の使い方

- ☑ 画面の手順解説だけを読めば、操作できるようになる!
- ☑ もっと詳しく知りたい人は、補足説明を読んで納得!
- ☑ これだけは覚えておきたい機能を厳選して紹介!

特長1

機能ごとに
まとまっているので、
「やりたいこと」が
すぐに見つかる！

基本操作

手順の部分だけを読んで、パソコンを操作すれば、
難しいことはわからなくても、あっという間に操作できる！

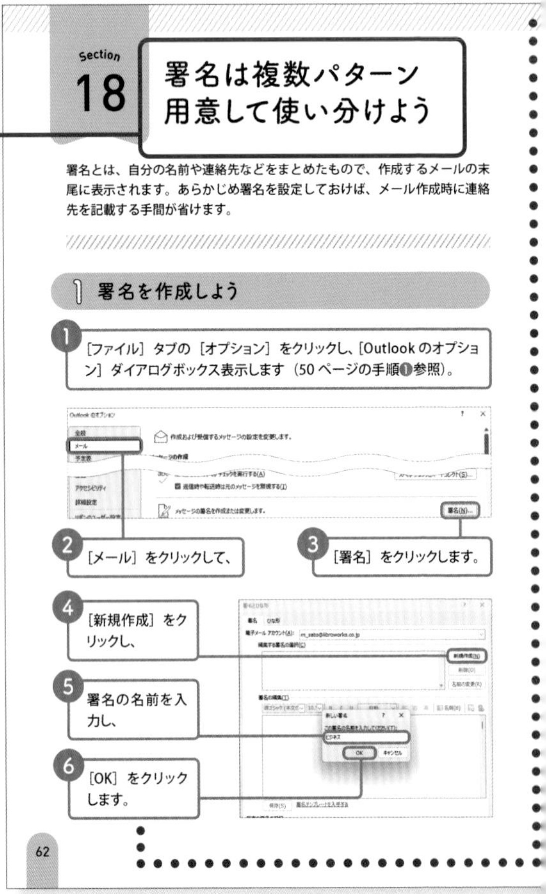

Section 18

署名は複数パターン用意して使い分けよう

署名とは、自分の名前や連絡先などをまとめたもので、作成するメールの末尾に表示されます。あらかじめ署名を設定しておけば、メール作成時に連絡先を記載する手間が省けます。

1 署名を作成しよう

1 ［ファイル］タブの［オプション］をクリックし、［Outlook のオプション］ダイアログボックス表示します（50 ページの手順❶参照）。

2 ［メール］をクリックして、

3 ［署名］をクリックします。

4 ［新規作成］をクリックし、

5 署名の名前を入力し、

6 ［OK］をクリックします。

62

特長2

やわらかい上質な紙を
使っているので、
片手でも開きやすい！

特長3

大きな操作画面で
該当箇所を
囲んでいるので
よくわかる！

7 書名の内容を入力します。

8 新しいメールに署名が自動入力されるようにします。ここをクリックして、

9 作成した署名の名前を選択し、

10 [OK] をクリックすると、署名が保存されます。

11 46ページを参考に［メッセージ］ウィンドウを表示すると、署名がメールの本文内に自動的に追加されています。

Chapter 2

メールの作成・送信

Hint

署名の名前

書名には「ビジネス」や「プライベート」など、わかりやすい名前を付けておきましょう。複数の署名を作成して、切り替えて使用することもできます。

63

補足説明

操作の補足的な内容
を適宜配置！

Memo 補足説明

Hint 便利な機能

Stepup 応用操作解説

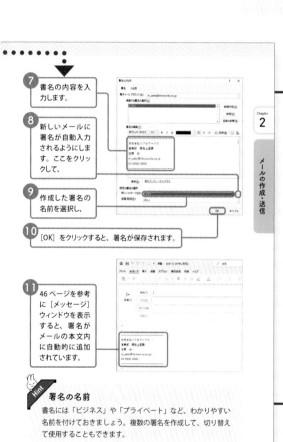

パソコンの基本操作

- ☑ 本書の解説は、基本的にマウスを使って操作することを前提としています。
- ☑ お使いのパソコンのタッチパッド、タッチ対応モニターを使って操作する場合は、各操作を次のように読み替えてください。

1 マウス操作

●クリック（左クリック）

クリック（左クリック）の操作は、画面上にある要素やメニューの項目を選択したり、ボタンを押したりする際に使います。

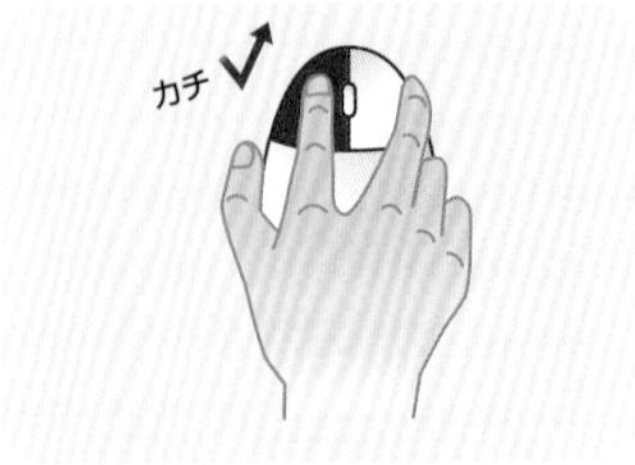

マウスの左ボタンを１回押します。

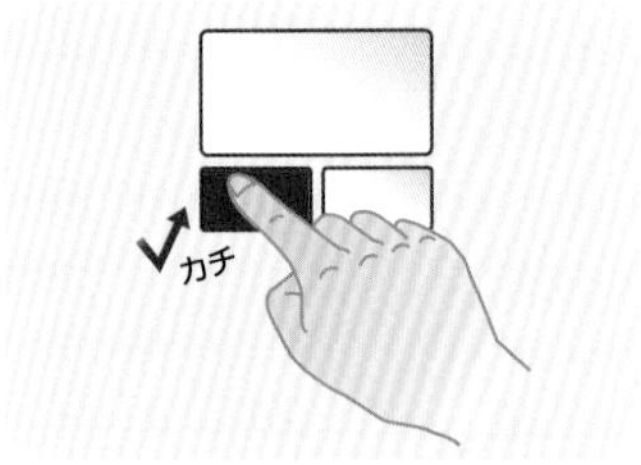

タッチパッドの左ボタン（機種によっては左下の領域）を１回押します。

●右クリック

右クリックの操作は、操作対象に関する特別なメニューを表示する場合などに使います。

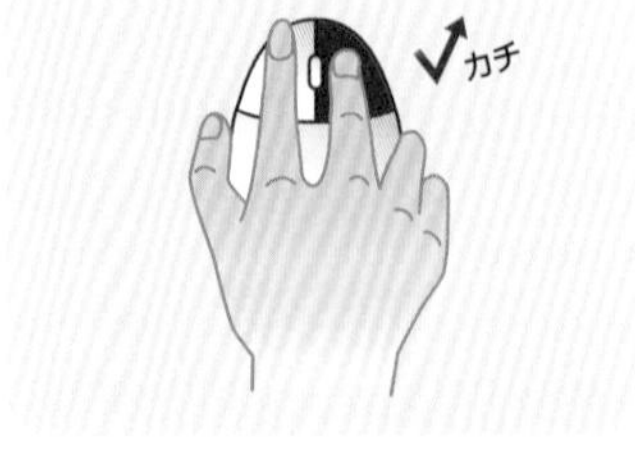

マウスの右ボタンを１回押します。

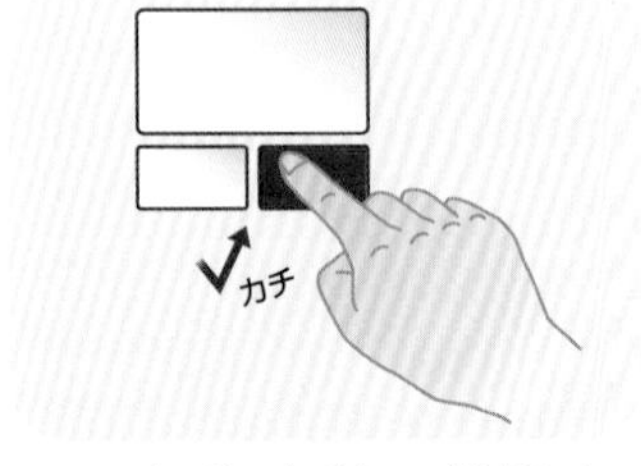

タッチパッドの右ボタン（機種によっては右下の領域）を１回押します。

●ダブルクリック

ダブルクリックの操作は、各種アプリを起動したり、ファイルやフォルダーなどを開く際に使います。

マウスの左ボタンをすばやく 2 回押します。

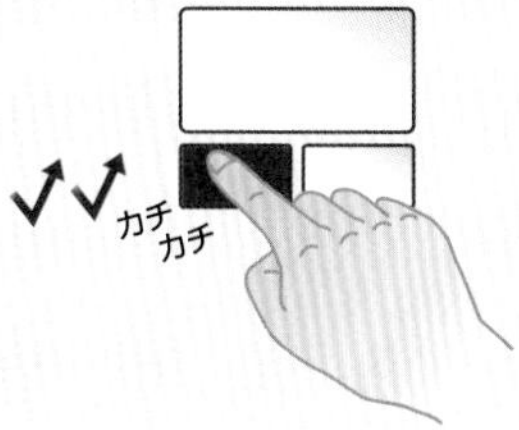

タッチパッドの左ボタン（機種によっては左下の領域）をすばやく 2 回押します。

●ドラッグ

ドラッグの操作は、画面上の操作対象を別の場所に移動したり、操作対象のサイズを変更する際などに使います。

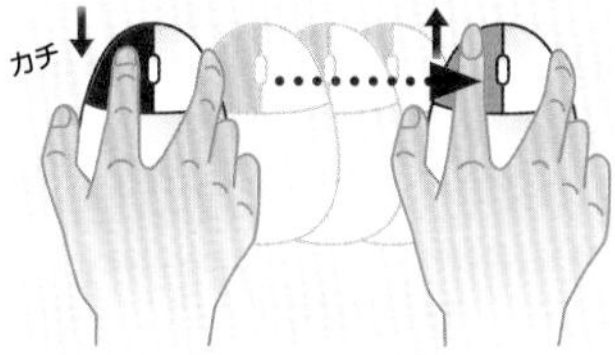

マウスの左ボタンを押したまま、マウスを動かします。目的の操作が完了したら、左ボタンから指を離します。

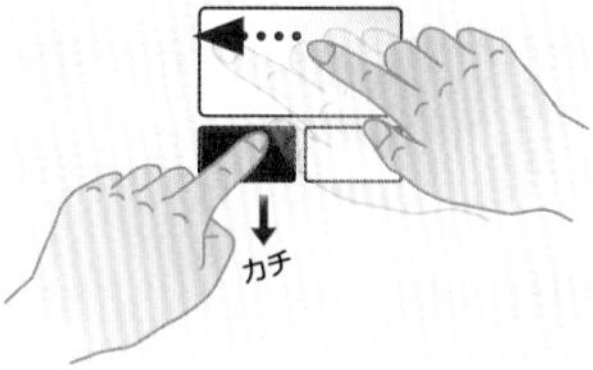

タッチパッドの左ボタン（機種によっては左下の領域）を押したまま、タッチパッドを指でなぞります。目的の操作が完了したら、左ボタンから指を離します。

Memo

ホイールの使い方

ほとんどのマウスには、左ボタンと右ボタンの間にホイールが付いています。ホイールを上下に回転させると、Web ページなどの画面を上下にスクロールすることができます。そのほかにも、Ctrl を押しながらホイールを回転させると、画面を拡大／縮小したり、フォルダーのアイコンの大きさを変えたりできます。

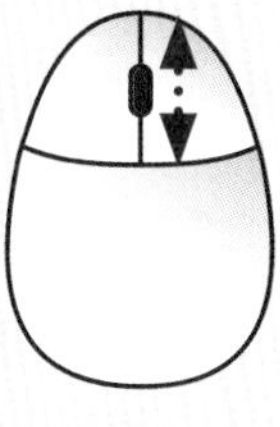

2 利用する主なキー

●半角／全角キー

半角/全角 漢字

日本語入力と英語入力を切り替えます。

●エンターキー

Enter

変換した文字を決定するときや、改行するときに使います。

●ファンクションキー

F1 ~ F12

12個のキーには、ソフトごとによく使う機能が登録されています。

●デリートキー

Delete

文字を消すときに使います。「del」と表示されている場合もあります。

●バックスペースキー

Back Space

入力位置を示すポインターの直前の文字を1文字削除します。

●文字キー

文字を入力します。

●オルトキー

Alt

メニューバーのショートカット項目の選択など、ほかのキーと組み合わせて操作を行います。

●Windowsキー

画面を切り替えたり、［スタート］メニューを表示したりするときに使います。

●方向キー

↑ ← ↓ →

文字を入力する位置を移動するときに使います。

●スペースキー

ひらがなを漢字に変換したり、空白を入れたりするときに使います。

●シフトキー

Shift

文字キーの左上の文字を入力するときは、このキーを使います。

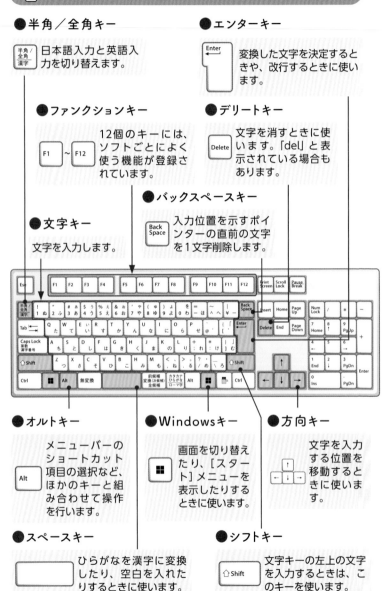

3 タッチ操作

●タップ

画面に触れてすぐ離す操作です。ファイルなど何かを選択するときや、決定を行う場合に使用します。マウスでのクリックに当たります。

●ダブルタップ

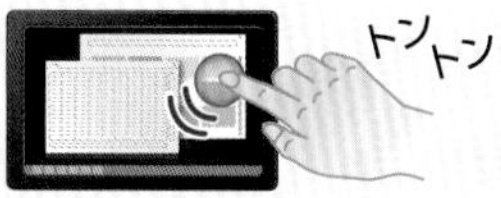

タップを2回繰り返す操作です。各種アプリを起動したり、ファイルやフォルダーなどを開く際に使用します。マウスでのダブルクリックに当たります。

●ホールド

画面に触れたまま長押しする操作です。詳細情報を表示するほか、状況に応じたメニューが開きます。マウスでの右クリックに当たります。

●ドラッグ

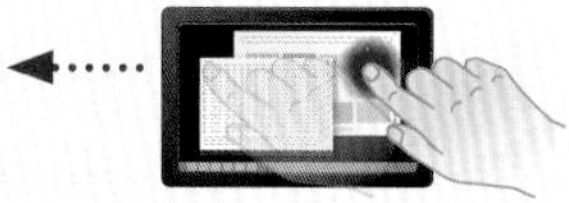

操作対象をホールドしたまま、画面の上を指でなぞり上下左右に移動します。目的の操作が完了したら、画面から指を離します。

●スワイプ／スライド

画面の上を指でなぞる操作です。ページのスクロールなどで使用します。

●フリック

画面を指で軽く払う操作です。スワイプと混同しやすいので注意しましょう。

●ピンチ／ストレッチ

2本の指で対象に触れたまま指を広げたり狭めたりする操作です。拡大（ストレッチ）／縮小（ピンチ）が行えます。

●回転

2本の指先を対象の上に置き、そのまま両方の指で同時に右または左方向に回転させる操作です。

Outlook 2021の新機能

☑ Outlook 2021では、「クイック検索」を利用して、メールの全文検索や「予定」「タスク」など全てのアイテムの検索が可能になりました。また、充実した翻訳機能を使ったり、メールに搭載された描画ツールを利用して本文エリアに図を描いたりすることもできます。

1 クイック検索からすばやい検索ができる

多数のメールをやり取りしていると、あとから参照したいメールをすぐに見つけ出すのが大変なことがあります。クイック検索を利用すれば、メールアドレスやタイトル、メール本文などから判断した、関連性の高い検索結果を表示することができます。

検索結果に検索語句がハイライトされて表示されます。

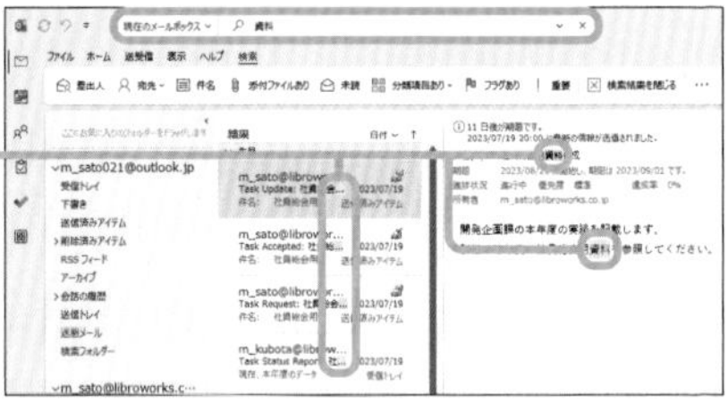

Outlook 2021では、「予定」や「タスク」などはOutlookアイテムとして扱われます。クイック検索ではOutlookアイテムを検索対象とすることができるため、探したいものをまとめて検索できます。

［すべての Outlook アイテム］を選択して検索すると、Outlook アイテムを検索対象にすることができます。

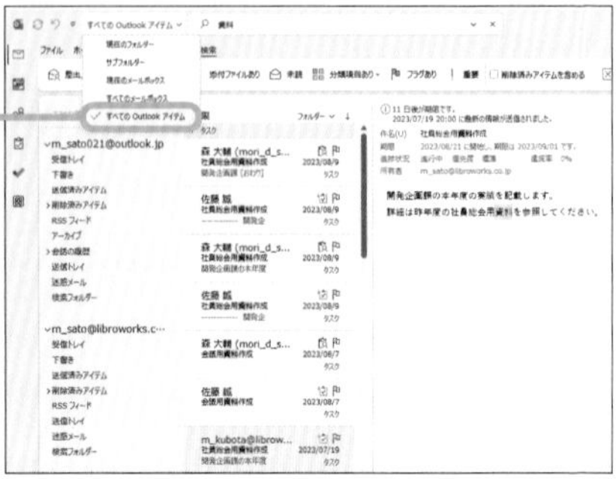

2 メールをその場で翻訳できる

Outlook 2021の翻訳機能を利用すれば、外国語で書かれたメールをその場で翻訳することができます。その都度、翻訳サイトなどにコピー＆ペーストして翻訳する手間が省けます。

[メッセージを日本語に翻訳する] または [メッセージを翻訳] をクリックすると、翻訳されます。

3 メール本文に描画ができる

描画機能を利用すれば、メール本文に図を直接描画することが可能です。別の描画アプリなどで描いてから貼り付ける、という手間が省けます。

[描画] タブをクリックすると、メール本文に描画できます。

[タッチして描画する] をクリックすると、スタイラスペンや指などで直接描き込めます。

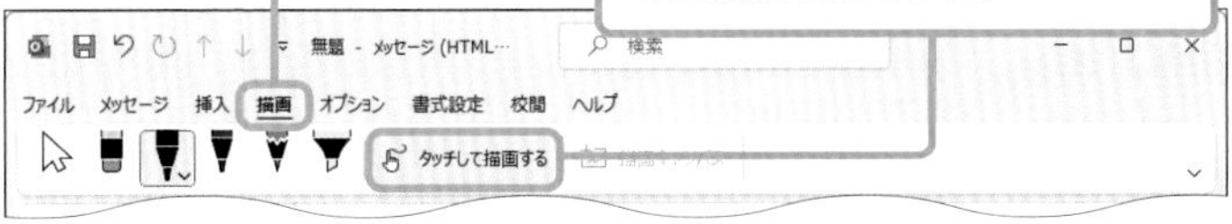

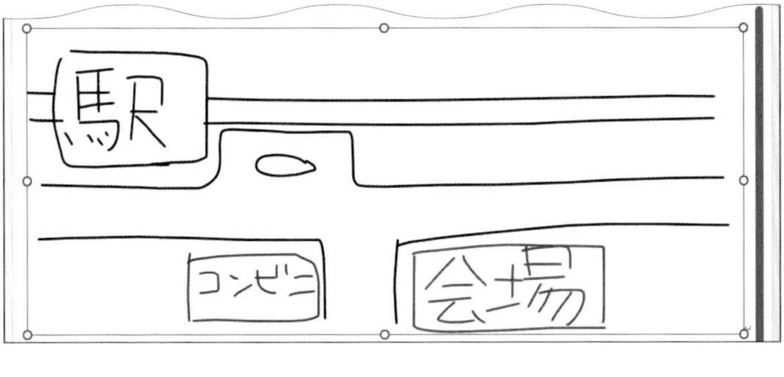

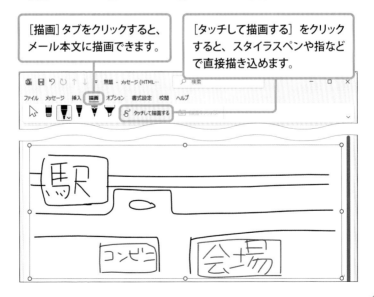

Contents

Chapter 1 Outlookを使いやすく設定しよう

Section 1 Outlookの4つの機能を知ろう …… 20
メールの送受信と整理
連絡先の管理
予定の管理
タスクの管理

Section 2 メールアカウントの設定をしよう …… 22
メールアカウントの種類と準備
[自動アカウントセットアップ] を使って設定しよう
手動でメールアカウントを設定しよう

Section 3 Outlook 2021の画面構成を確認しよう …… 28
基本的な画面構成を確認しよう
メール／予定表／連絡先／タスクの画面を切り替えよう

Section 4 メッセージ一覧がシンプルに見えるようにしよう …… 30
ビューを [シングル] に変更しよう
閲覧ウィンドウの位置を変更しよう

Section 5 よく使うフォルダーは上に表示しよう …… 32
フォルダーを [お気に入り] に表示しよう
フォルダーの順番を個別に設定しよう

Section 6 リボンに表示されているタブを知ろう …… 34
タブを切り替えよう
機能ごとの主なタブ

Section 7 リボンを整理して使いやすくしよう …… 36
リボンの項目を設定しよう
リボンのレイアウトを切り替えよう

Section 8 クイックアクセスツールバーによく使う機能を登録しよう …… 38
クイックアクセスツールバーを表示しよう
クイックアクセスツールバーにコマンドを追加しよう

Section 9 必要な通知以外はオフにしよう …… 40
デスクトップの通知を非表示にしよう
タスクバーの通知を非表示にしよう
メール受信時に着信音が鳴らないようにしよう

Section 10 Teamsと連携して効率よく情報を共有しよう …… 42
OutlookとTeamsの予定表を同期しよう
Teamsから共有された予定を削除しよう

Chapter 2 メールの作成・送信をスムーズに行おう

Section 11 メールの作成／送信の基本を覚えよう …… 46
メールを作成しよう
メールを送信しよう

Section 12 メールの形式をテキスト／HTMLに切り替えよう …… 48
メールの形式を切り替えよう

Section 13 返信・転送は別ウィンドウで開くようにしておこう …… 50
返信／転送メールを常に別ウインドウで開こう

Section 14 メールを複数の宛先へ同時に送信しよう …… 52
複数の宛先に同時に送信しよう
別の宛先にメールのコピーを送信しよう
宛先を隠してメールのコピーを送信しよう

Section 15 メールの下書きを活用しよう …… 54
メールを下書き保存しよう
下書き保存したメールを送信しよう

Section 16 容量の大きいファイルはOneDriveで共有しよう …… 56
添付ファイルをリンクで共有しよう
OneDriveフォルダーからリンクを共有しよう

Section 17 定型メール文はテンプレート化しておこう …… 60
クイック操作で定型文を作成しよう
定型文を呼び出そう

Section 18 署名は複数パターン用意して使い分けよう …… 62
署名を作成しよう

Section 19 Teams会議への出席依頼メールを送ろう …… 64
会議への出席依頼メールを送ろう

Section 20 出席依頼メールに出欠を付けて返信しよう …… 66
招待された会議を承諾しよう
招待された会議に理由付きで辞退しよう

Chapter 3 メールの整理と仕分けで効率アップしよう

Section 21 未読メールのみを表示しよう …… 70
未読メールのみを表示しよう
既読メールを未読に切り替えよう

Section 22 メールを並べ替えて見つけやすくしよう ……… 72
メールを日付の古い順に並べ替えよう
メールを差出人ごとに並べ替えよう

Section 23 行方不明のメールは高度な検索で探し出そう ……… 74
[高度な検索] で検索しよう

Section 24 受信したメールを仕分けして整理しよう ……… 76
フォルダーを新規作成しよう
作成したフォルダーにメールを移動しよう

Section 25 設定した条件のメールが目立つようにしよう ……… 78
条件に当てはまるメールの書式を変更しよう

Section 26 メールに重要度を設定しよう ……… 80
送信メールに重要度を設定しよう
受信したメールに重要度を設定しよう

Section 27 迷惑メールを自動的に振り分けよう ……… 82
迷惑メールの処理レベルを設定しよう
迷惑メールを [受信拒否リスト] に入れよう

Section 28 同じ案件のメールはスレッドでまとめて確認しよう ……… 84
スレッドビューを表示させよう
スレッドを常に展開しておこう

Section 29 受信したメールを自動で転送しよう ……… 86
仕分けルールを使って自動転送しよう

Section 30 クリーンアップでフォルダーを整理しよう ……… 88
フォルダー内の不要なメールをまとめて削除しよう
削除済みメールをまとめて削除しよう

Section 31 自動保存の間隔を短めに設定しよう …………………… 90
自動保存の時間を設定しよう

Section 32 自動送受信の間隔を短めに設定しよう ………………… 92
自動送受信の間隔を設定しよう

Chapter 4 連絡先を使いこなそう

Section 33 連絡先を登録／編集しよう ……………………………… 94
新しい連絡先を登録しよう
登録済みの連絡先を編集しよう

Section 34 連絡先を受信メールから登録しよう ……………………100
受信したメールの差出人を連絡先に登録しよう

Section 35 グループ登録した連絡先に一括でメールを送ろう ‥102
連絡先グループを作成しよう
連絡先グループにメールを送信しよう

Section 36 連絡先の情報をメールで送信しよう ……………………104
Outlook形式で連絡先を送信しよう
受信したOutlook形式の連絡先を登録しよう

Section 37 連絡先の情報を削除／整理しよう…………………………106
不要な連絡先は削除しよう
連絡先をフォルダーで管理しよう

Section 38 Teamsと連絡先を同期して円滑に連絡を取ろう‥‥108
Teamsでユーザーの設定をしよう

Section 39 連絡先をエクスポート／インポートしよう …… 110
連絡先をファイルにエクスポートしよう
ファイルから連絡先をインポートしよう

Chapter 5 予定表／タスクを使いこなそう

Section 40 予定表とタスクの使い分け方を知ろう …… 116
Outlookの［予定表］とは
［予定］ウィンドウの画面構成
［予定表］のさまざまな表示形式
Outlookの［タスク］とは
［タスク］ウィンドウの画面構成

Section 41 予定表に日本の祝日を設定しよう …… 120
予定表に日本の祝日を設定しよう

Section 42 予定表に稼働時間を追加しよう …… 122
稼働日と稼働時間を追加しよう
稼働日だけを予定表に表示しよう

Section 43 新しい予定を登録しよう …… 124
新しい予定を登録しよう

Section 44 予定にアラームを設定しよう …… 126
アラームを設定しよう
アラームを確認しよう

Section 45 定期的な予定は一度に登録しよう …… 128
定期的な予定を登録しよう

Section 46
終了していない予定を確認しよう……130
終了していない予定を場所ごとに並び替えよう
直近の7日間の予定を表示しよう

Section 47
メールの内容を予定表に登録しよう……132
メールをドラッグ＆ドロップして予定表に登録しよう
登録した予定を確認しよう

Section 48
予定表を共有して複数人で管理しよう……134
指定した相手と予定表を共有しよう
共有された予定表を確認しよう
予定表を複数人で編集しよう

Section 49
予定表からTeamsの会議予定を作成しよう……138
新しいTeams会議を作成しよう

Section 50
新しいタスクを登録しよう……140
新しいタスクを登録しよう

Section 51
タスクにアラームを設定しよう……142
アラームを設定しよう
アラームを確認しよう

Section 52
定期的なタスクは一気に登録しよう……144
定期的なタスクを登録しよう

Section 53
期限付きの依頼メールはタスクへ登録しよう……146
メールの内容をタスクに登録しよう

Section 54
タスクと予定表を連携して一括で管理しよう……148
タスクを予定表に登録しよう
予定をタスクに登録しよう
[予定表] に [日毎のタスクリスト] を表示しよう

Section 55 タスクを依頼して複数人で管理しよう ……………152
ほかのユーザーにタスクを依頼しよう
タスクの進捗状況を変更しよう
進捗情報を共有しよう

Chapter 6 Outlookのトラブルシューティング

Section 56 メールアカウントが設定できない ……………156
コントロールパネルから設定しよう

Section 57 Outlookが動作を停止して起動しなくなった ……158
セーフモードで起動してみよう
更新プログラムを適用しよう

Section 58 データファイルが壊れてしまった ……………160
データファイルの保存場所を確認しよう
受信トレイ修復ツールを実行しよう

Section 59 送信トレイにメールが残ったまま送信されない ……162
オフライン作業を解除しよう

Section 60 アドレス入力時に候補がいっぱい出てきて見づらい…163
オートコンプリートをオフにしよう

Section 61 受信したメールの画像が表示されない ……………164
表示されていない画像を表示しよう
特定の相手からのメールの画像を常に表示しよう

Section 62 メールの検索ができなくなってしまった ……………166
インデックスの作成状況を確認しよう
インデックスを再構築しよう

Section 63 **OutlookでTeamsの会議が作成できない** ……… 170
Teamsのアドインを有効にしよう

Section 64 **前バージョンのメールや連絡先を引き継ぎたい** ……… 172
データをバックアップ（エクスポート）しよう
バックアップデータを復元（インポート）しよう
インポートファイルを見直してみよう

Section 65 **Outlookの起動が遅い** ……… 180
Outlookのデータファイルを圧縮しよう
不要なアドインを無効にしよう
Outlookプロファイルを修復しよう

付録 **覚えておきたい！Outlookのショートカットキー** ……… 185
Outlookのショートカットキーを使いこなそう

索引 ……… 190

ご注意：ご購入・ご利用の前に必ずお読みください

- 本書に記載された内容は、情報の提供のみを目的としています。したがって、本書を用いた運用は、必ずお客様自身の責任と判断によって行ってください。これらの情報の運用の結果について、技術評論社および著者はいかなる責任も負いません。
- 本書の説明では、OSは「Windows 11」、Outlookは「Outlook 2021」を使用しています。それ以外のOSやOutlookのバージョンでは画面内容が異なる場合があります。あらかじめご了承ください。
- ソフトウェアに関する記述は、特に断りのない限り、2023年8月末日現在での最新バージョンをもとにしています。ソフトウェアはバージョンアップされる場合があり、本書での説明とは機能内容や画面図などが異なってしまうこともあり得ます。あらかじめご了承ください。

以上の注意事項をご承諾いただいた上で、本書をご利用願います。これらの注意事項をお読みいただかずに、お問い合わせいただいても、技術評論社および著者は対処しかねます。あらかじめご承知おきください。

Chapter

1

Outlookを使いやすく設定しよう

Section

1　Outlookの4つの機能を知ろう
2　メールアカウントの設定をしよう
3　Outlook 2021の画面構成を確認しよう
4　メッセージ一覧がシンプルに見えるようにしよう
5　よく使うフォルダーは上に表示しよう
6　リボンに表示されているタブを知ろう
7　リボンを整理して使いやすくしよう
8　クイックアクセスツールバーによく使う機能を登録しよう
9　必要な通知以外はオフにしよう
10　Teamsと連携して効率よく情報を共有しよう

Section 1

Outlookの4つの機能を知ろう

Outlook 2021では、メールの送受信を行う［メール］、個人情報を管理する［連絡先］、スケジュールを管理する［予定表］、期限を付けて仕事を管理する［タスク］などの機能が利用できます。

1 メールの送受信と整理

［メール］の画面では、受信したメールを一覧で表示します。画面を見やすく調整したり、フォルダーごとにメールを管理したりできます。また、受信したメールへの返信、新しいメールの作成などがかんたんに行えます。
メールの基本的な機能についてはChapter 2で、メールの活用方法についてはChapter 3とChapter 4で解説します。

2 連絡先の管理

［連絡先］の画面では、個人の氏名や電話番号、メールアドレスなどの情報を登録し、整理してすばやく探し出せます。また、複数の連絡先を1つのグループにまとめて管理することもできます。詳しくはChapter 5で解説します。

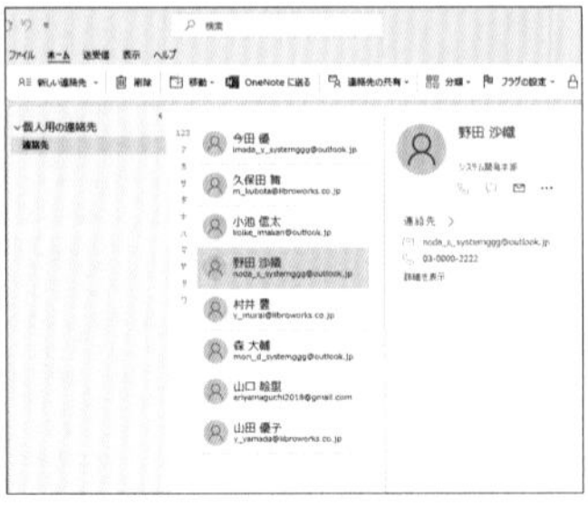

3 予定の管理

［予定表］の画面では、毎日のスケジュールをカレンダーのように表示して、仕事やプライベートのスケジュールを効率よく管理できます。詳しくはChapter 6で解説します。

右の画像では月単位表示です。いつ、何時に、どのような予定があるのかがひと目でわかります。

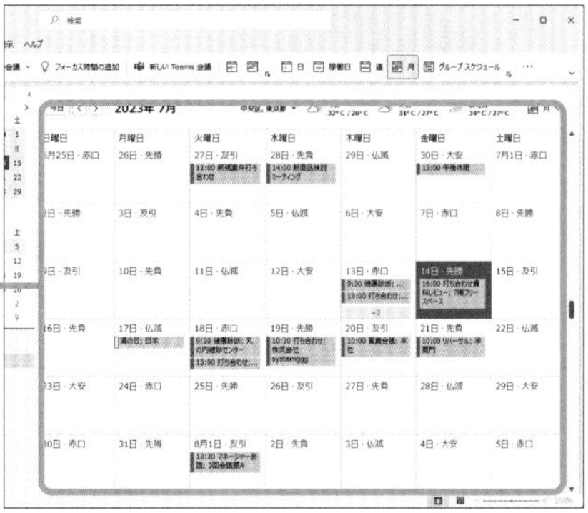

4 タスクの管理

［タスク］の画面では、「期限までにやるべきこと」の一覧をリストとして作成したり、予定表と連携して一括で管理したりできます。詳しくはChapter 5で解説します。

期限日や進捗状況などを確認できます。締め切りのあるスケジュールを管理する際に使われます。

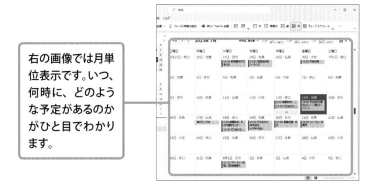

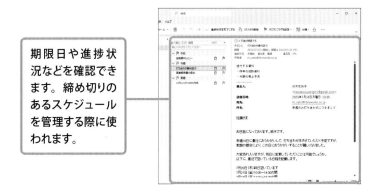

Section 2

メールアカウントの設定をしよう

Outlook 2021を初めて起動すると、メールアカウントの設定画面が表示されます。メールを利用するには、メールアドレス、アカウント名、パスワード、メールサーバー情報などが必要です。

1 メールアカウントの種類と準備

Outlook 2021では、プロバイダーメールはもちろん、GmailやYahoo!メール、Outlook.comなどのWebメールも利用できます。また、Outlook 2021には複数のメールアカウントを設定することができるので、仕事用のメールとプライベート用のメールをまとめて管理できます。なお、本書では、Outlook 2021でプロバイダーメールを使用する前提で解説を行っています。

プロバイダーメール

プロバイダーメールとは、インターネット接続サービスを提供しているプロバイダーが運営するメールサービスのことです。Outlook 2021でプロバイダーメールを使うには、プロバイダーから提供される接続情報が必要です。

Outlook.com

Outlook.comは、マイクロソフトが運営するメールサービスです。紛らわしい名称ですが、Outlook 2021とOutlook.comには、直接の関係はないので注意してください。

Yahoo! メール

Yahoo! メールは、Yahoo! JAPANが運営するメールサービスです。無料の「Yahoo! JAPAN ID」を取得すれば利用できます。

Gmail

Gmailは、グーグルが運営するメールサービスです。無料の「Googleアカウント」を取得すれば利用できます。

2 [自動アカウントセットアップ]を使って設定しよう

Outlook 2021を初めて起動すると、[Outlook] 画面が表示されます。

1 メールアドレスを入力し、

2 [接続] をクリックします。

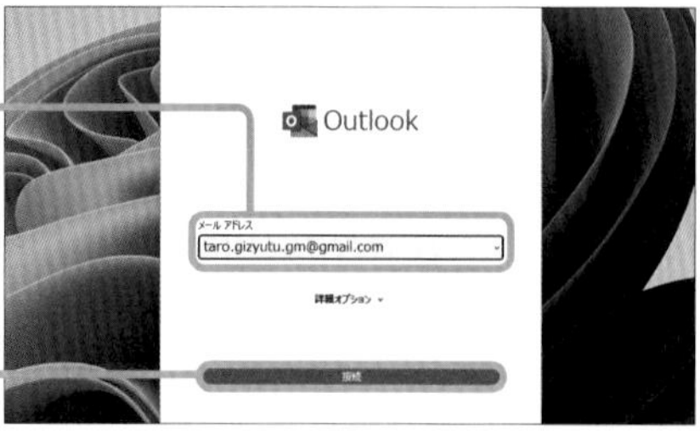

3 [次へ] をクリックし、

4 パスワードを入力して、

5 [ログイン] をクリックします。

Memo

メールアカウント

メールアカウントとは、メールを送受信できる権利のことです。郵便にたとえると、個人用の郵便受けのようなものです。

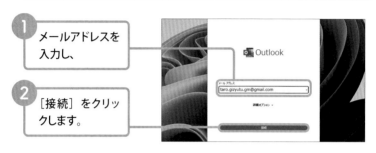

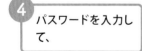

2 段階認証プロセスを設定していると、以下の画面が表示されるので、手順⑦〜⑨を行います。

6 ［テキストメッセージで確認コードを取得します］をクリックし、

7 スマートフォンに送られたメッセージの確認コードを確認して、

8 確認コードを入力し、

9 ［完了］をクリックします。

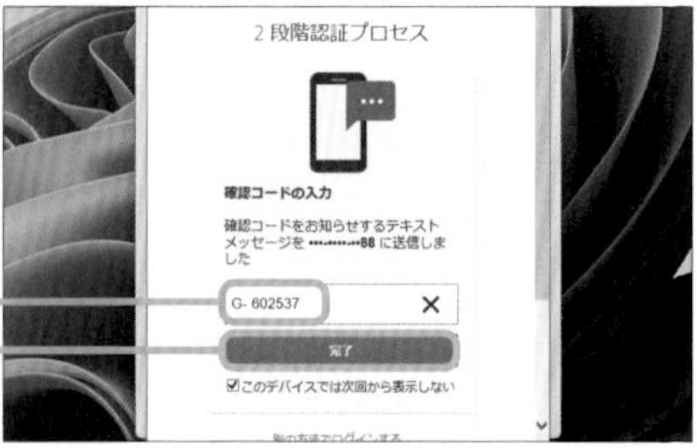

10 ［許可］をクリックすると、

Memo

メールアドレス

メールアドレスとは、メールを送受信するために必要な自分の「住所」です。半角の英数字で表記されています。

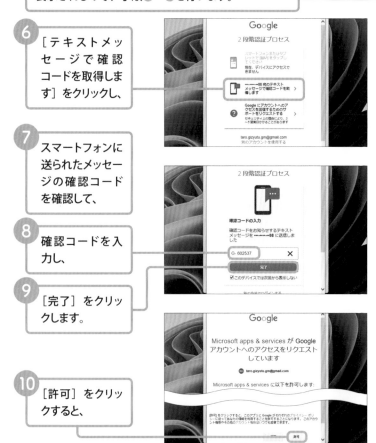

11 ［アカウントが正常に追加されました］というメッセージが表示されるので、

12 ［完了］をクリックします。

3 手動でメールアカウントを設定しよう

1 メールアドレスを入力し、

2 ［詳細オプション］をクリックして、

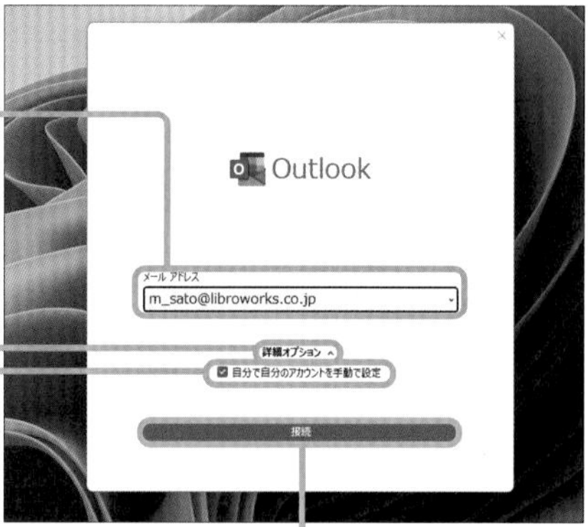

3 ここをクリックしてオンにし、

4 ［接続］をクリックします。

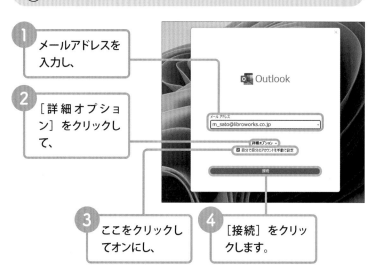

5 アカウントの種類（ここでは[POP]）を選択し、

6 ［パスワード］を入力して、

7 ［接続］をクリックします。

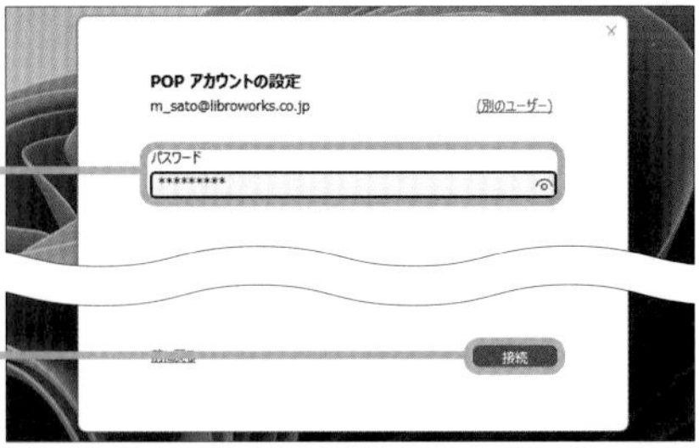

8 ［問題が発生しました］と表示された場合は、

9 ［アカウント設定の変更］をクリックします。

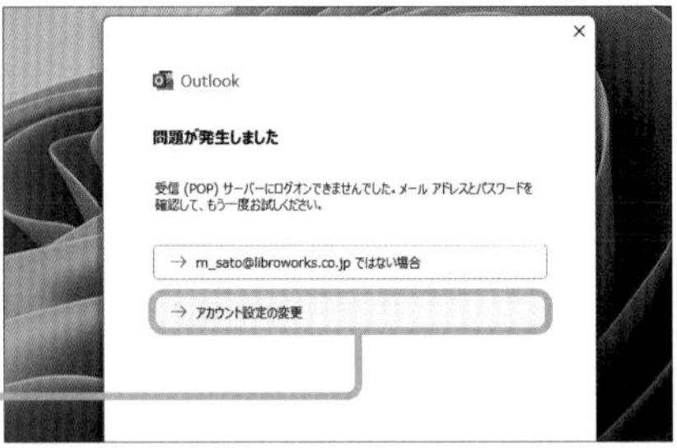

10 ［受信メール］、［送信メール］にそれぞれ必要な情報を入力し、

11 ［次へ］をクリックします。

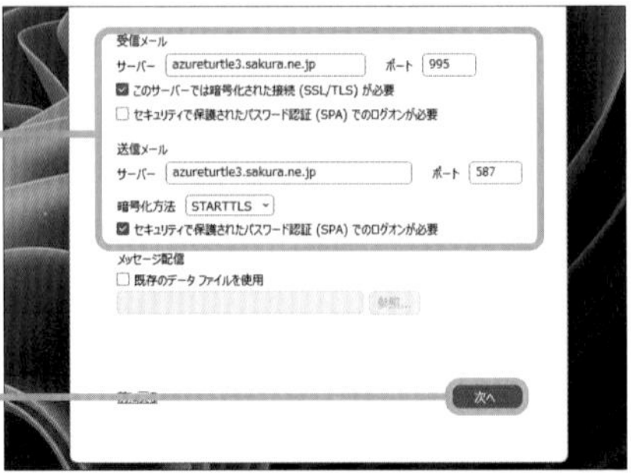

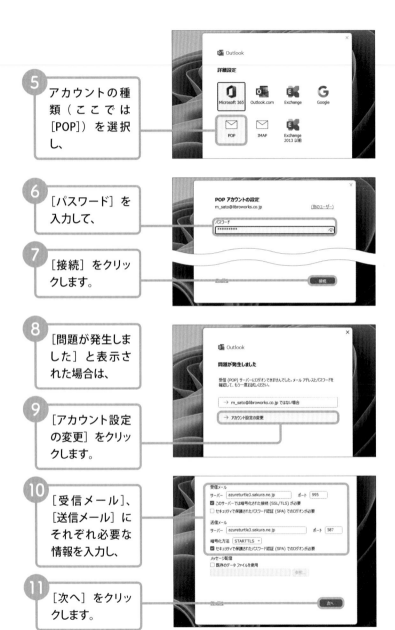

12 再びパスワードの入力画面が表示されるので、

13 ［パスワード］を入力し、

14 ［接続］をクリックします。

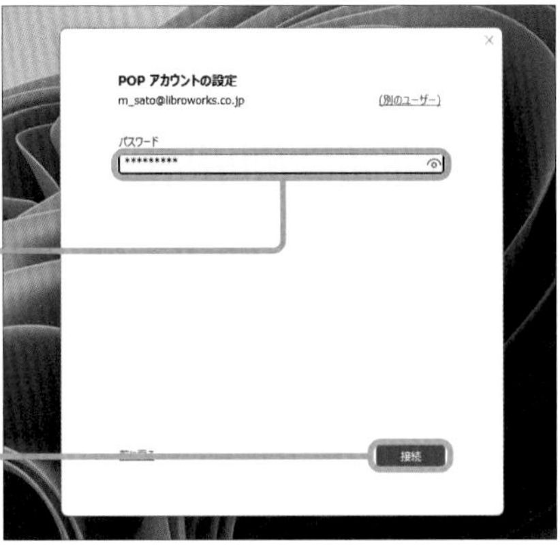

15 ［アカウントが正常に追加されました］というメッセージが表示されるので、

16 ［完了］をクリックすると、

17 ［メール］画面が表示されます。

Memo

受信メールサーバーと送信メールサーバー

メールを受信するサーバーを「受信メールサーバー」(POP3 サーバーもしくは IMAP サーバー)、メールを送信するサーバーを「送信メールサーバー」（SMTP サーバー）と呼びます。

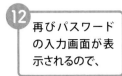

Section 3

Outlook 2021の画面構成を確認しよう

画面左下の［メール］、［予定表］、［連絡先］、［タスク］のアイコンをクリックすると、それぞれの機能の画面に切り替わります。画面構成は機能ごとに異なりますが、基本的な操作は同じです。

1 基本的な画面構成を確認しよう

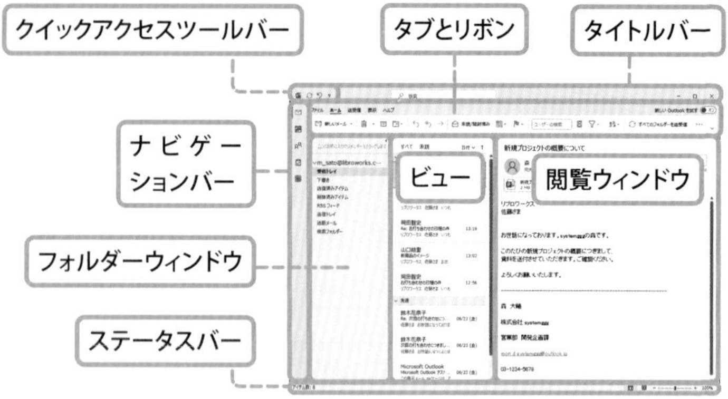

名称	機能
クイックアクセスツールバー	頻繁に利用する操作がコマンドとして登録されています。
タイトルバー	画面上で選択している機能やフォルダーの名前を表示します。
タブ	よく使う操作が目的別に分類されています。
フォルダーウィンドウ	目的のフォルダーやアイテムにすばやくアクセスできます。
ビュー	メールや連絡先など、各機能のアイテムを一覧で表示します。
閲覧ウィンドウ	ビューで選択したアイテムの内容（メールの内容や連絡先の詳細など）を表示します。
ナビゲーションバー	メール、予定表、連絡先、タスクなど、各機能の画面に切り替えることができます。
ステータスバー	左端にアイテム数（メールや予定の数）、中央に作業中のステータス、右端にズームスライダーなどを表示します。

2 メール／予定表／連絡先／タスクの画面を切り替えよう

[メール] の画面を表示しています。

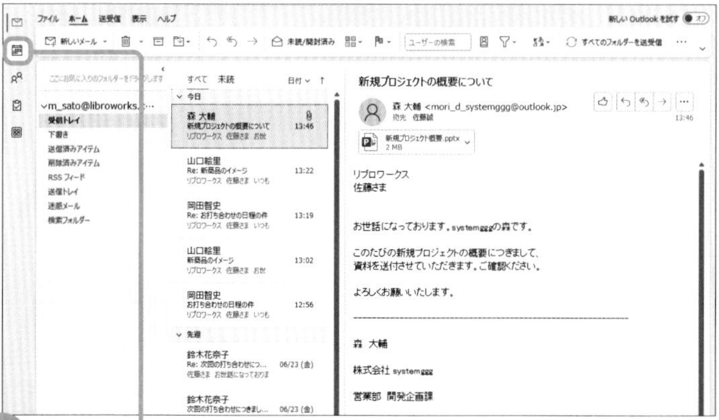

1 [予定表] をクリックすると、

2 [予定表] の画面が表示されます。

3 同様にして他のアイコンをクリックすると、それぞれの機能の画面に切り替わります。

Section 4

メッセージ一覧がシンプルに見えるようにしよう

[受信トレイ]の表示方法を変えたい場合は、[ビュー]を変更します。[ビュー]の種類は、[コンパクト]、[シングル]、[プレビュー] の3つがあります。

1 ビューを[シングル]に変更しよう

1 [表示] タブをクリックして、

2 [ビューの変更] をクリックし、

3 [シングル] をクリックすると、

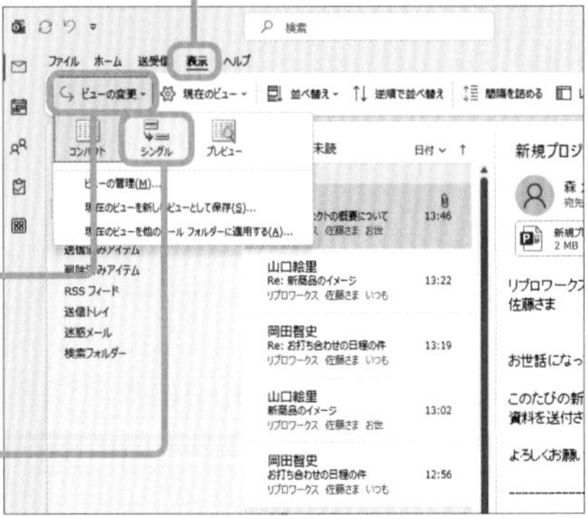

4 見出しが表示され、

5 [差出人]、[件名]、[受信日時] が1行で表示されます。

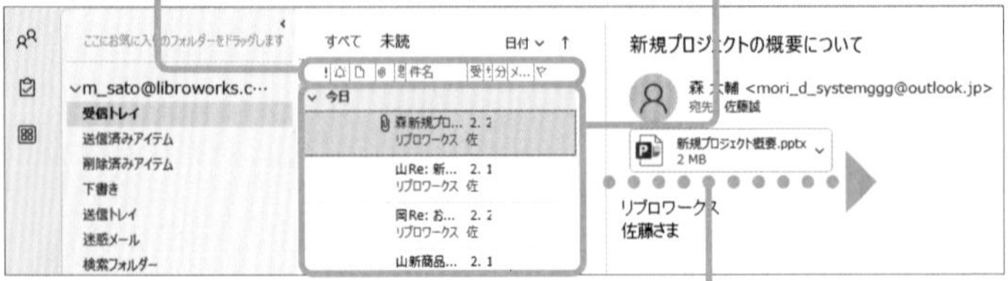

見やすくするには、ここをドラッグしてビューの表示範囲を広げます。

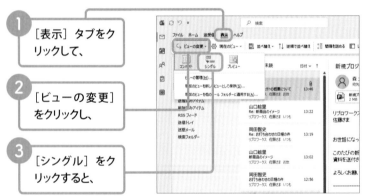

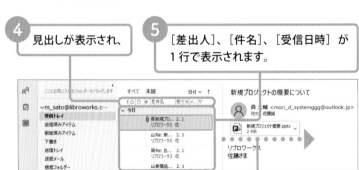

2 閲覧ウィンドウの位置を変更しよう

1 ［表示］タブをクリックし、

2 ［レイアウト］をクリックし、

3 ［閲覧ウィンドウ］をクリックして、

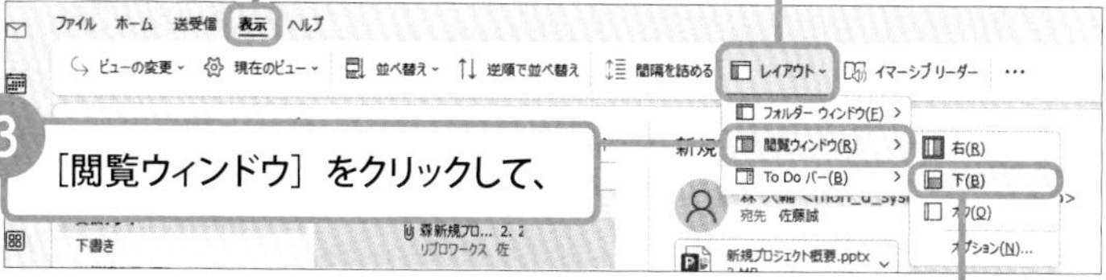

4 ［下］をクリックすると、

5 ビューが上段、閲覧ウィンドウが下段に表示されます。

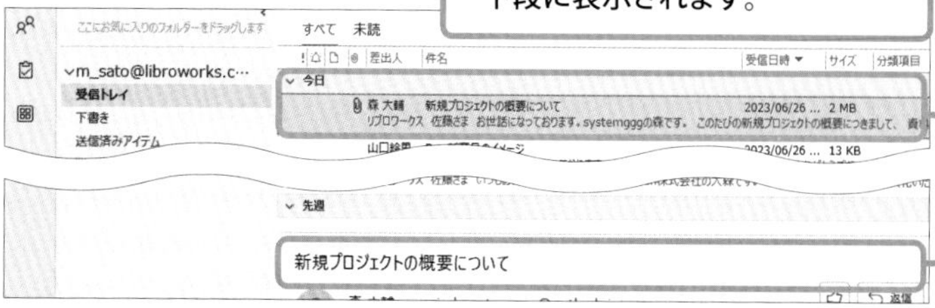

6 ［レイアウト］をクリックし、

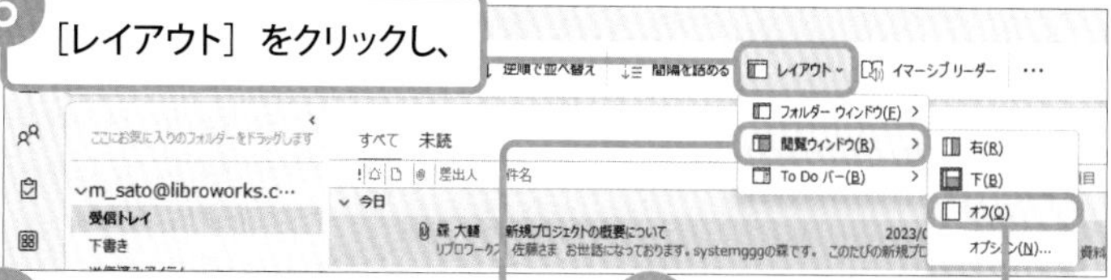

7 ［閲覧ウィンドウ］をクリックして、

8 ［オフ］をクリックすると、

9 閲覧ウィンドウが消え、ビューのみが表示されます。

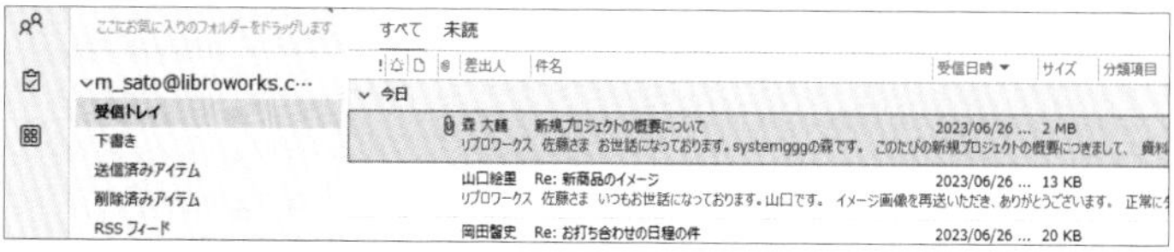

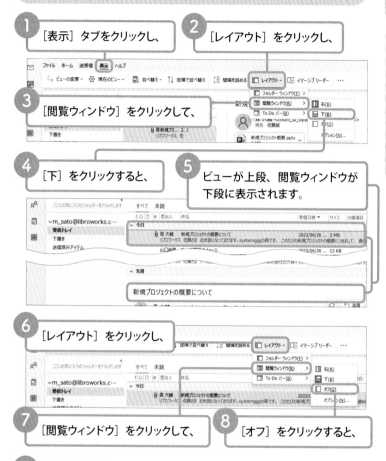

Section 5

よく使うフォルダーは上に表示しよう

ナビゲーションウィンドウの上部には、お気に入りのフォルダーを表示することができます。［送信トレイ］など最初からあるフォルダーだけでなく、自分で作成したフォルダーも登録できます。

1 フォルダーを［お気に入り］に表示しよう

1 ［お気に入り］に登録したいフォルダーを右クリックして、

2 ［お気に入りに追加］をクリックすると、

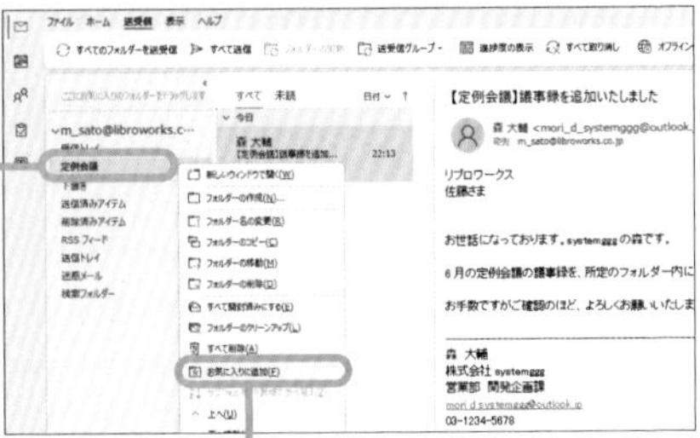

3 ［お気に入り］に表示されます。

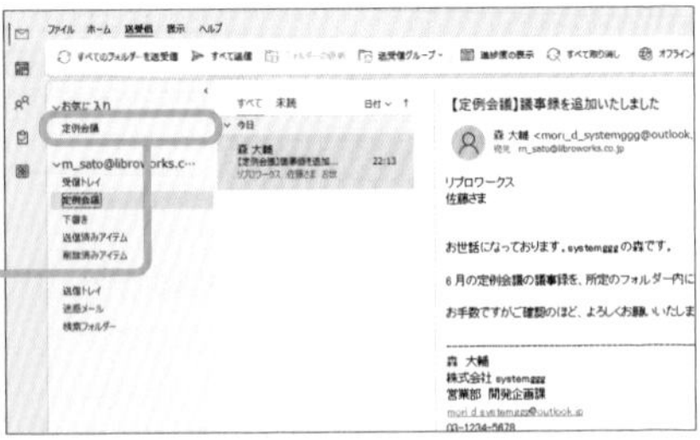

Hint

［お気に入り］への表示をやめる

［お気に入り］に表示されたフォルダーは、手順❷で新たに表示される［お気に入りから削除］をクリックすることで、お気に入りの表示から外すことができます。

2 フォルダーの順番を個別に設定しよう

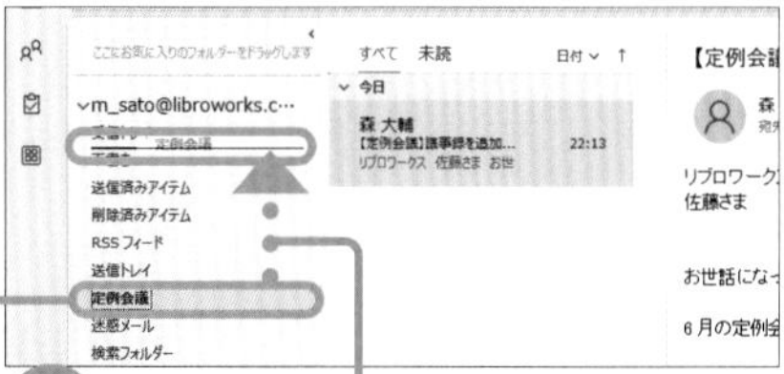

1 移動したいフォルダーをクリックし、

2 表示したい位置までドラッグすると、

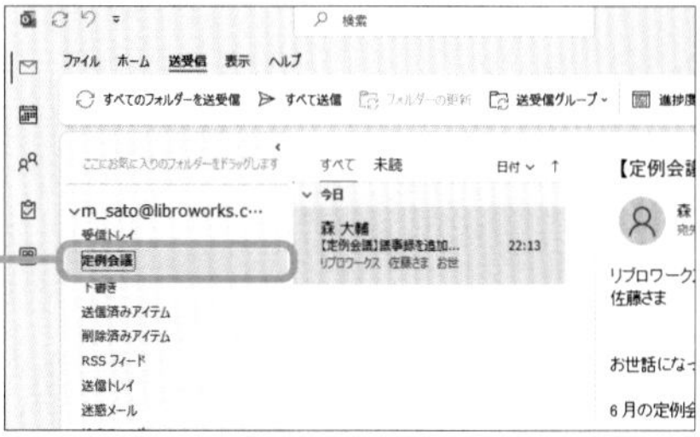

3 フォルダーが任意の位置に移動します。

Memo

不要なフォルダーを削除する

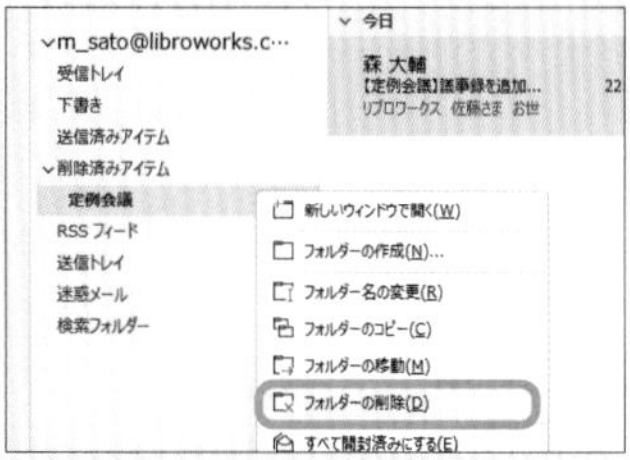

削除したいフォルダーを右クリックして［フォルダーの削除］をクリックし、確認のダイアログボックスで［はい］をクリックすると、フォルダーが［削除済みアイテム］に移動します。［削除済みアイテム］をダブルクリックすると、削除したフォルダーが表示されます。右クリックして［フォルダーの削除］をクリックし、確認のダイアログボックスで［はい］をクリックすると、フォルダーとその中にあるメールが完全に削除されます。

Section
6 リボンに表示されているタブを知ろう

Outlook 2021は、画面上部にある［リボン］から各種操作が行えます。それぞれの［タブ］の名前の部分をクリックすると、タブの内容が切り替わるしくみになっています。

1 タブを切り替えよう

［ホーム］タブが表示されています。

1 ［送受信］タブをクリックすると、

2 ［送受信］タブのコマンドが表示されます。

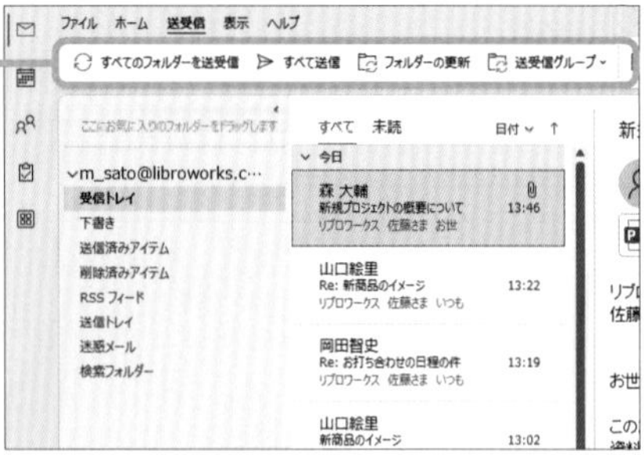

Memo

リボン

リボンとは、各コマンド（操作）をグループ化して画面上にボタンとしてまとめたものです。タブをクリックして切り替え、ボタンをクリックすることで、該当する操作を行えます。

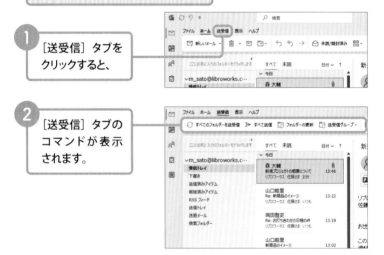

2 機能ごとの主なタブ

[メール] の [ホーム] タブ

ファイル　ホーム　送受信　表示　ヘルプ　　新しい Outlook を試す　オフ
新しいメール　未読/開封済み　ユーザーの検索　すべてのフォルダーを送受信　…

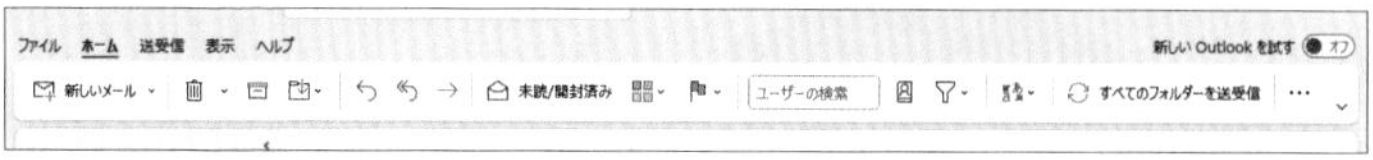

[メール] の [表示] タブ

[予定表] の [ホーム] タブ

ファイル　ホーム　送受信　表示　ヘルプ　　新しい Outlook を試す
新しい予定　新しい会議　今日　今後 7 日間　日　稼働日　週　月　グループスケジュール　追加　…

[連絡先] の [ホーム] タブ

ファイル　ホーム　送受信　表示　ヘルプ　　新しい Outlook を試す
新しい連絡先　削除　移動　OneNote に送る　連絡先の共有　分類　フラグの設定　非公開　ユーザーの検索　…

[タスク] の [ホーム] タブ

ファイル　ホーム　送受信　表示　ヘルプ　　新しい Outlook を試す
新しいタスク　新しいメール　進捗状況を完了にする　リストから削除　タスクにフラグを設定　分類　…

Memo

機能ごとにタブの内容は切り替わる

Outlook 2021 には [メール] [予定表] [連絡先] [タスク] という 4 つの機能があります。それぞれの画面に切り替えると、タブに表示される内容も変化します。いずれの機能でも、主要な操作は [ホーム] タブにまとめられています。

Section 7

リボンを整理して使いやすくしよう

リボンの項目やタブは、[リボンのユーザー設定] から非表示にすることができます。リボンの項目やタブの表示が多すぎると感じた場合は、設定を変更してみましょう。

1 リボンの項目を設定しよう

1 リボンを右クリックし、

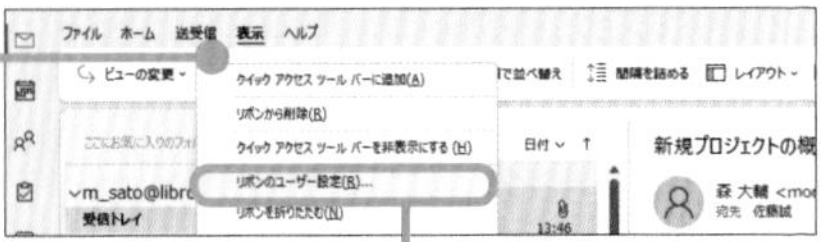

2 [リボンのユーザー設定] をクリックします。

3 不要な項目やタブのチェックボックスをクリックしてオフにし、

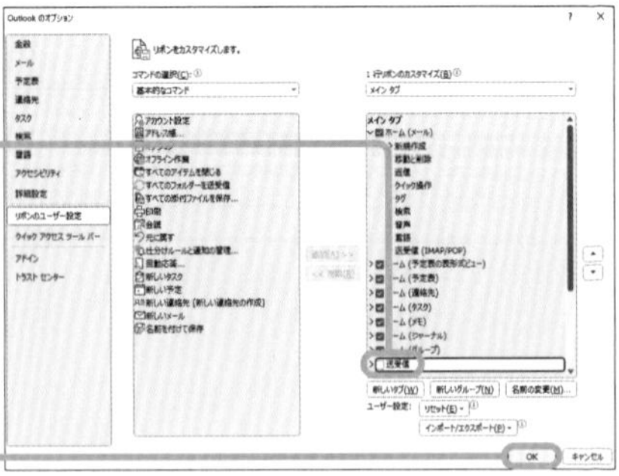

4 [OK] をクリックすると、

5 不要な項目やタブ（ここでは [送受信] タブ）が非表示になります。

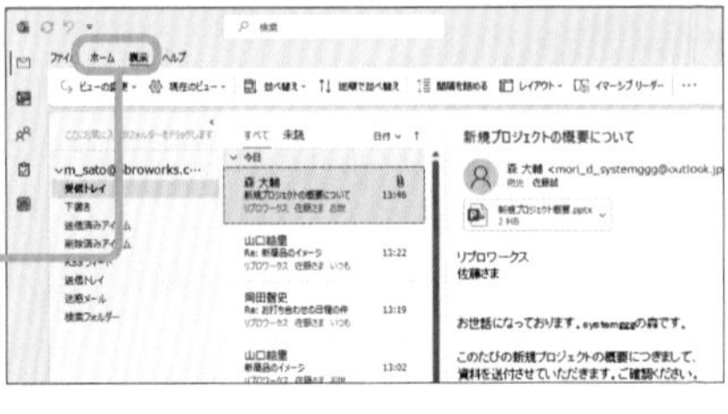

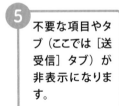

2 リボンのレイアウトを切り替えよう

1 リボンの上で右クリックし、

2 ［クラシックリボンを使用］をクリックすると、

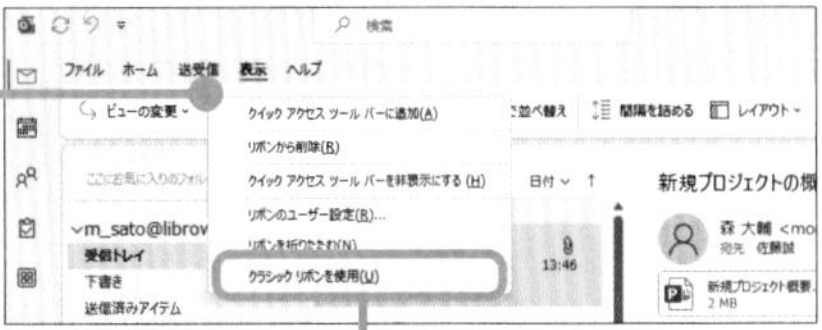

3 クラシックリボンの表示に切り替わります。

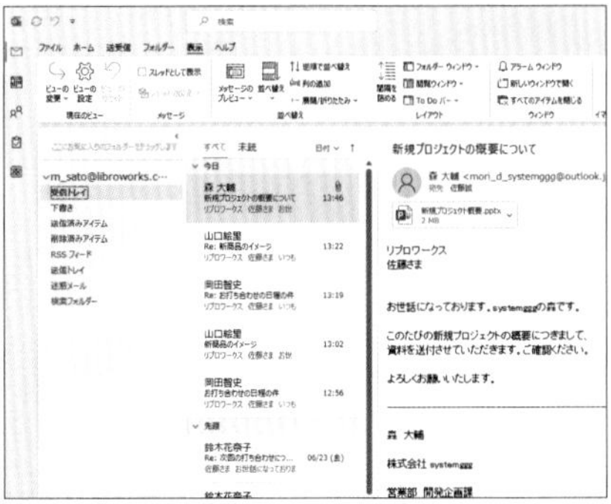

4 リボンの上で右クリックし、

5 ［シンプルリボンを使用］をクリックすると、

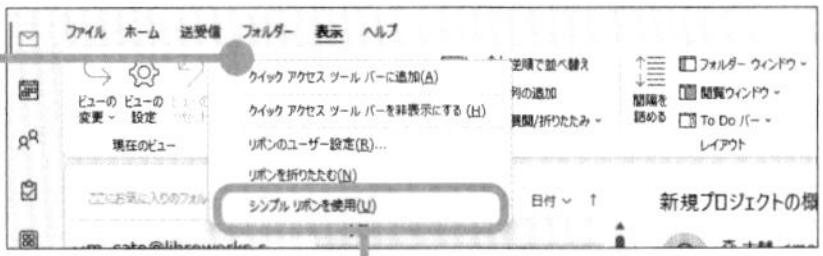

6 シンプルリボンの表示に切り替わります。

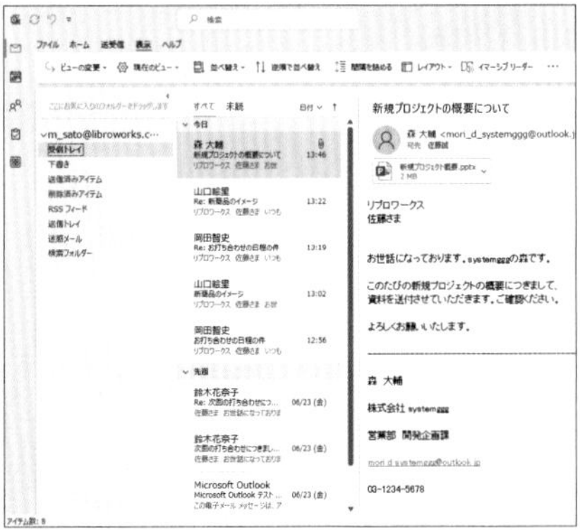

Section 8

クイックアクセスツールバーによく使う機能を登録しよう

頻繁に利用する操作（コマンド）は、クイックアクセスツールバーに追加しておきましょう。追加したコマンドはボタンとして表示され、クリック１つで操作が行えます。

1 クイックアクセスツールバーを表示しよう

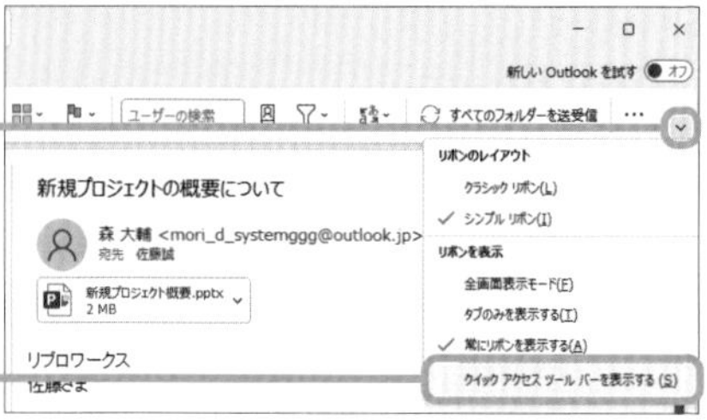

1 ここをクリックし、

2 ［クイックアクセスツールバーを表示する］をクリックすると、

3 クイックアクセスツールバーが表示されます。

4 ［すべてのフォルダーを送受信］をクリックすると、すべてのフォルダーでメールの送受信が行われます。

Memo

クイックアクセスツールバー

クイックアクセスツールバーは、Outlookのどの機能を使用していても、常に同じ位置に表示されます。そのため、［予定表］を使用中でも、画面を切り替えずに［すべてのフォルダーを送受信］などの操作が可能です。

2 クイックアクセスツールバーにコマンドを追加しよう

1 ここをクリックすると、

2 追加可能なコマンドのリストが表示されます。

3 追加したいコマンドをクリックすると、

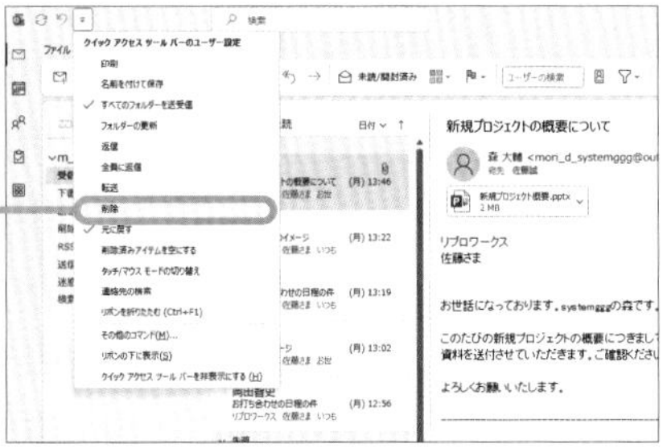

4 クイックアクセスツールバーにボタンが追加されます。

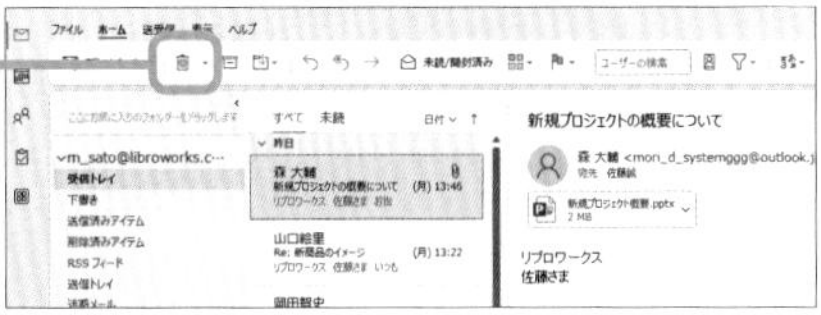

Stepup

表示されていないコマンドの追加

手順❷で表示されていないコマンドは、［その他のコマンド］をクリックして表示される［Outlookのオプション］ダイアログボックスから追加できます。

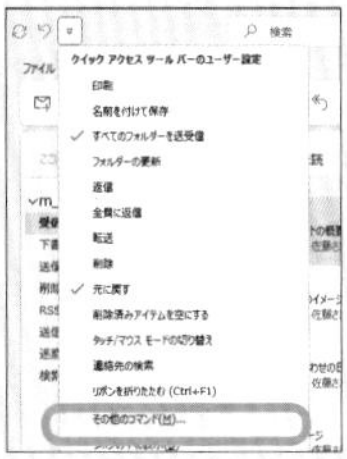

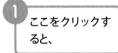

Section
9

必要な通知以外はオフにしよう

メールを受信すると、画面右下にメールの送信元や件名などを表示したデスクトップ通知が表示されます。デスクトップ通知は数秒待てば消えますが、邪魔な場合はあらかじめ非表示に設定することもできます。

1 デスクトップの通知を非表示にしよう

1 ［ファイル］タブの［オプション］をクリックして、［Outlook のオプション］ダイアログボックスを表示します（50 ページの手順❶参照）。

2 ［メール］をクリックし、

3 ［メッセージ受信］の［デスクトップ通知を表示する］をクリックしてオフにして、

4 ［OK］をクリックします。

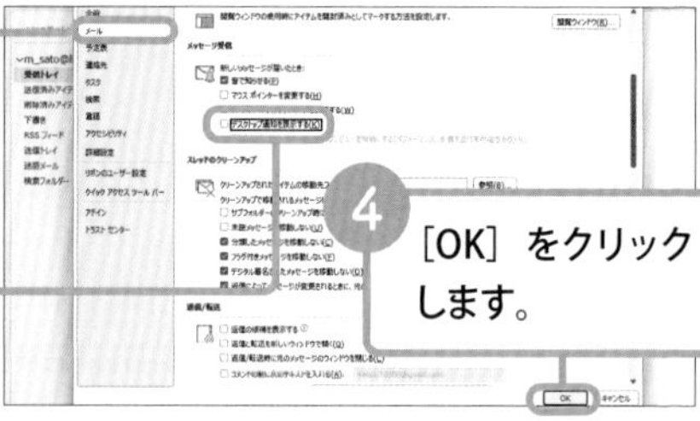

5 ［送受信］タブをクリックし、

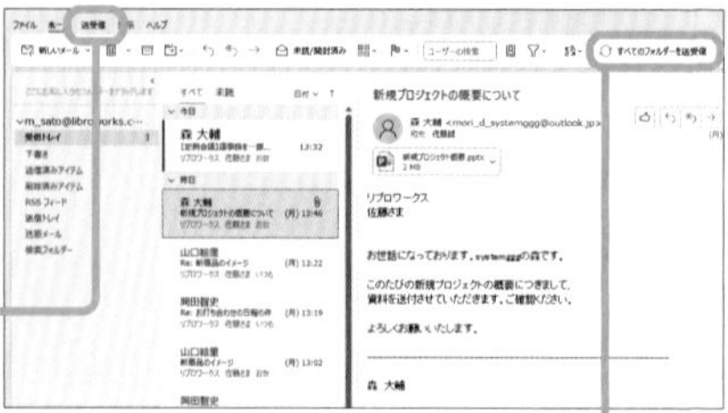

6 ［すべてのフォルダーを送受信］をクリックします。

7 メールを受信しても、デスクトップに通知は表示されません。

2 タスクバーの通知を非表示にしよう

新着メールを受信すると、タスクバーのOutlookアイコンに封筒のアイコンが表示されます。

1 ［ファイル］タブの［オプション］をクリックして、［Outlookのオプション］ダイアログボックスを表示します（50ページ手順❶参照）。

2 ［メール］をクリックし、

3 ［タスクバーに封筒のアイコンを表示する］をクリックしてオフにし、

4 ［OK］をクリックします。

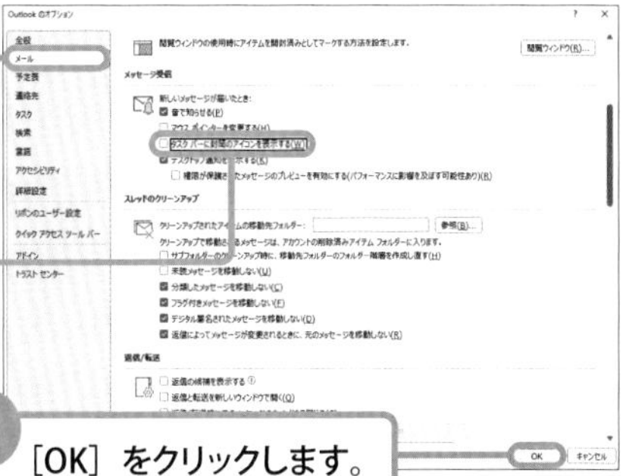

3 メール受信時に着信音が鳴らないようにしよう

1 ［メール］をクリックし、

2 ［音で知らせる］をクリックしてオフにし、

3 ［OK］をクリックします。

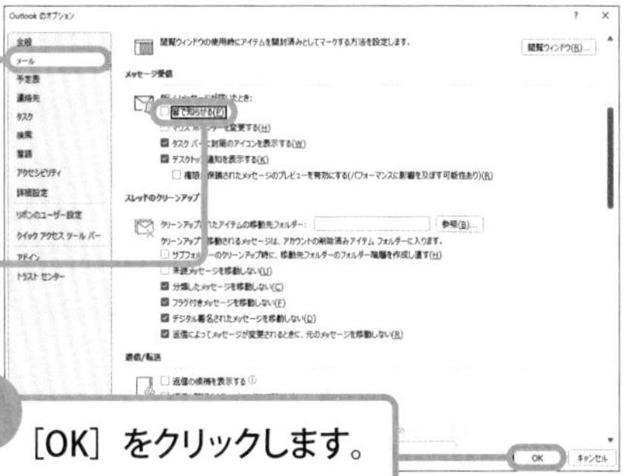

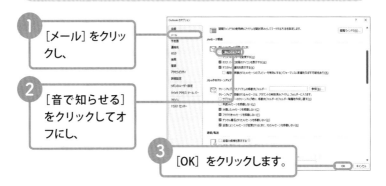

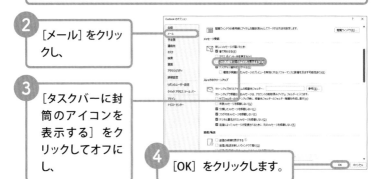

Section 10

Teamsと連携して効率よく情報を共有しよう

Outlook 2021 では、Microsoft Teams と連携して、予定表を共有できます。また、Teams で作成・修正した予定は Outlook にも反映され、Outlook で作成・修正した予定も Teams に反映されます。

1 OutlookとTeamsの予定表を同期しよう

Outlook 2021 と Teams の両方で同じ Microsoft アカウントにサインインしていれば、データが自動的に連携されて、予定表が同期されます。予定表が同期されない場合は、インターネットに接続しているかどうか確認しましょう。

1 Outlook で［予定表］をクリックし、

2 ［新しい予定］をクリックします。

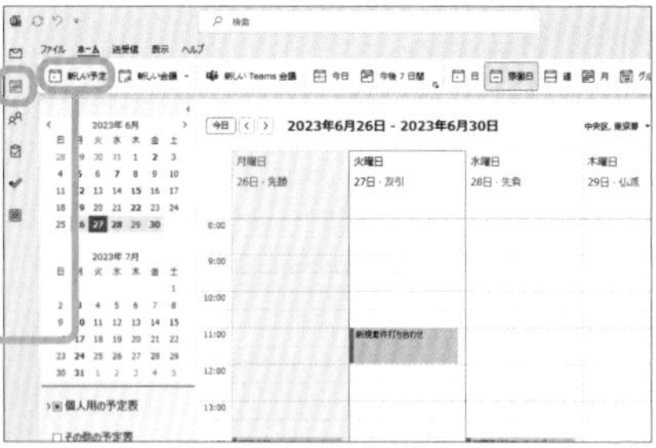

3 124 ページを参考に予定を入力して、

4 ［保存して閉じる］をクリックすると、

5 予定表に予定が登録されます。

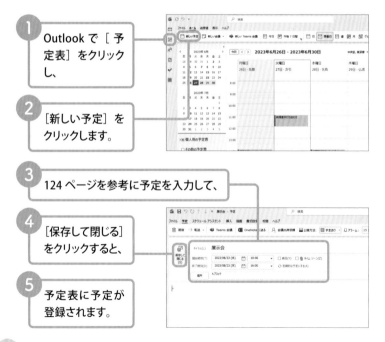

6 Teams を起動し、

7 ［カレンダー］ をクリックして予定を確認すると、

8 Outlook の予定表に登録した予定が、Teams にも表示されています。

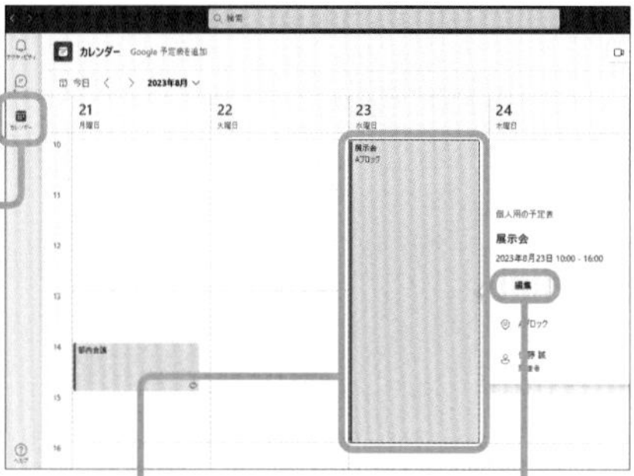

9 予定をクリックして、

10 ［編集］ をクリックすると、

11 予定の詳細画面が開きます。

12 予定を修正して、

13 ［保存］ をクリックすると、修正内容が保存されます。

14 Outlook で予定表を確認すると、

15 予定が同期され、修正が反映されています。

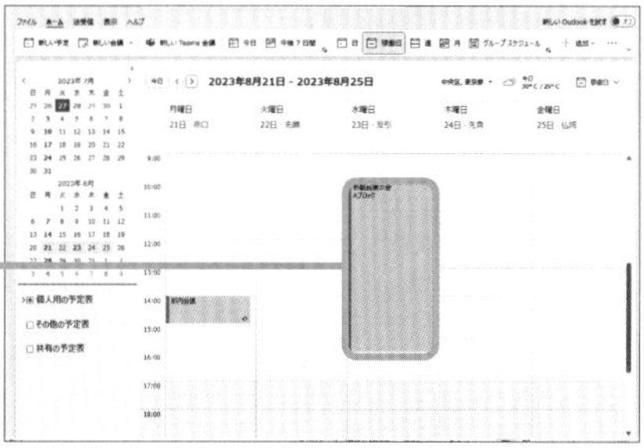

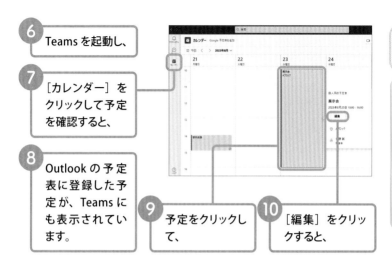

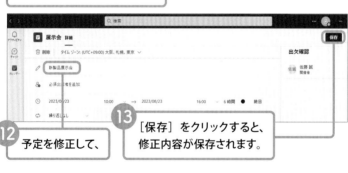

② Teamsから共有された予定を削除しよう

1 Teamsで［カレンダー］をクリックし、

2 予定を登録します。

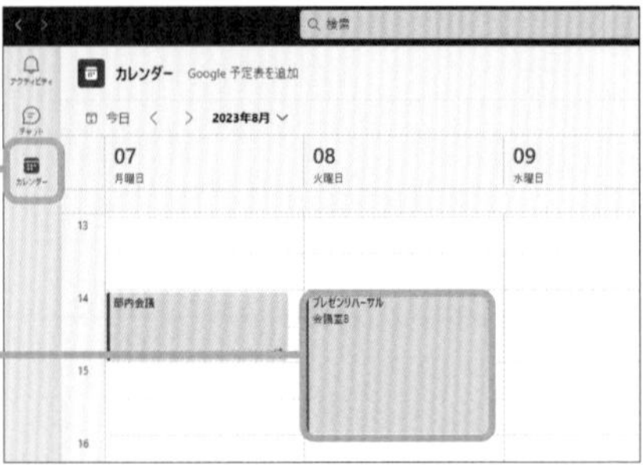

3 Outlookを起動し、

4 ［予定表］をクリックします。

5 同期された予定をクリックして、

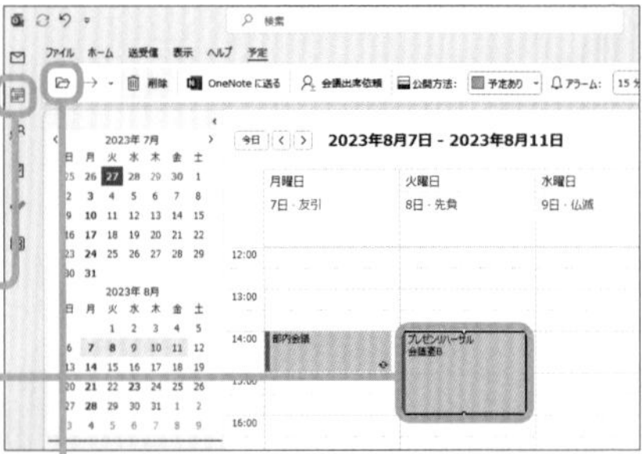

ここをクリックして［選択した予定のみを開く］をクリックすると、手順❺でクリックした予定を編集できます。

6 ［削除］をクリックすると、予定表から予定が削除されます。

7 Teamで予定を確認すると、予定が削除されています。

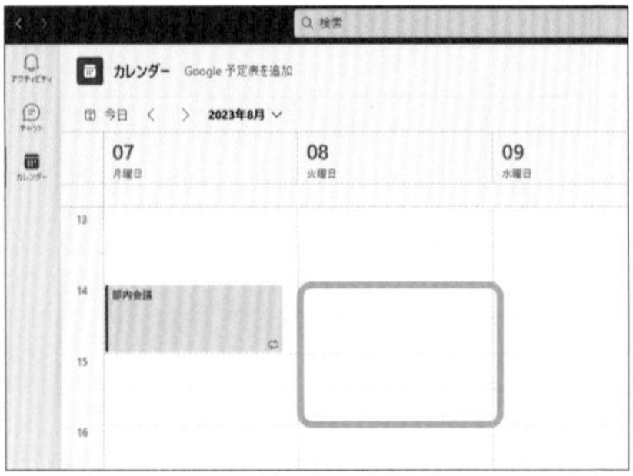

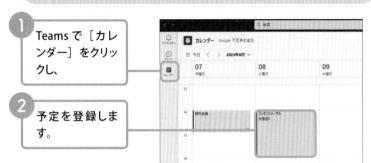

Chapter

2

メールの作成・送信をスムーズに行おう

Section

11 メールの作成／送信の基本を覚えよう

12 メールの形式をテキスト／HTMLに切り替えよう

13 返信・転送は別ウィンドウで開くようにしておこう

14 メールを複数の宛先へ同時に送信しよう

15 メールの下書きを活用しよう

16 容量の大きいファイルはOneDriveで共有しよう

17 定型メール文はテンプレート化しておこう

18 署名は複数パターン用意して使い分けよう

19 Teams会議への出席依頼メールを送ろう

20 出席依頼メールに出欠を付けて返信しよう

Section
11

メールの作成／送信の基本を覚えよう

メールの設定変更が完了したら、新しいメールを作成し送信してみましょう。宛先、件名、本文を入力して［送信］をクリックすることで、メールが相手に送信されます。

1 メールを作成しよう

1 ［新しいメール］をクリックすると、

2 ［メッセージ］ウィンドウが表示されます。

3 ［宛先］に相手のメールアドレスを入力し、

4 件名と本文を入力します。

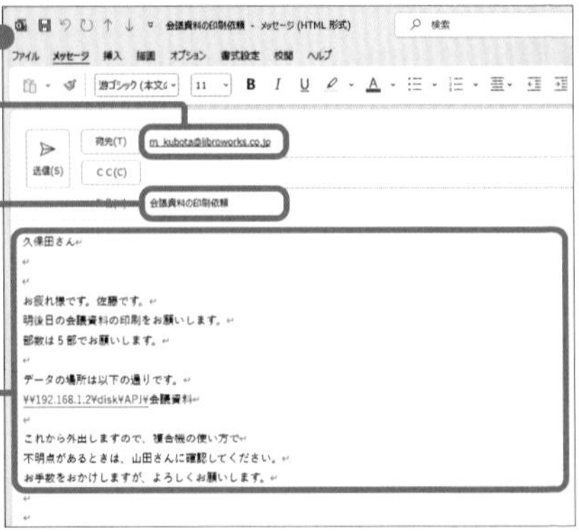

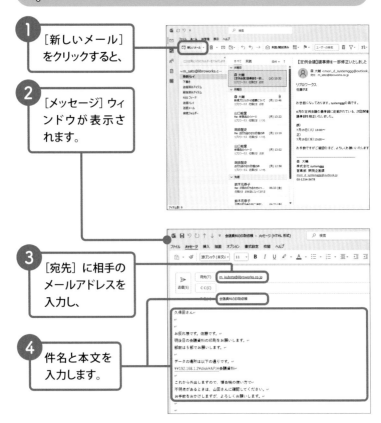

2 メールを送信しよう

1 ［メッセージ］ウィンドウで、メールの宛先、件名、本文が正しく入力されているか確認します。

2 ［送信］をクリックすると、メッセージ］ウィンドウが閉じてメールが送信されて、［メール］の画面が表示されます。

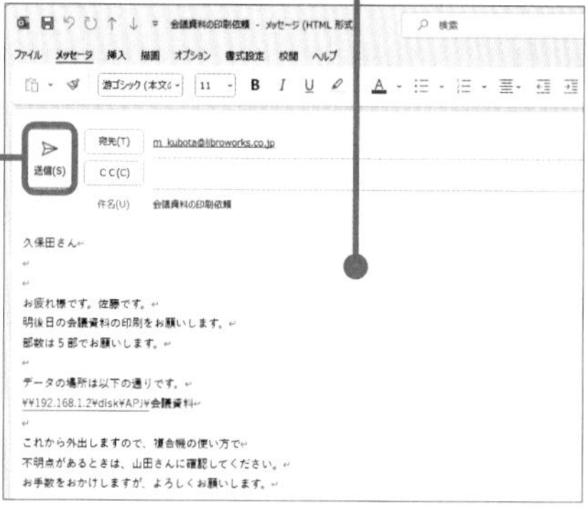
会議資料の印刷依頼 - メッセージ (HTML 形式)
ファイル メッセージ 挿入 描画 オプション 書式設定 校閲 ヘルプ
送信(S)
宛先(T) m_kubota@libroworks.co.jp
CC(C)
件名(U) 会議資料の印刷依頼
久保田さん
お疲れ様です。佐藤です。
明後日の会議資料の印刷をお願いします。
部数は5部でお願いします。
データの場所は以下の通りです。
¥¥192.168.1.2¥disk¥APJ¥会議資料
これから外出しますので、複合機の使い方で
不明点があるときは、山田さんに確認してください。
お手数をおかけしますが、よろしくお願いします。

3 ［送信済みアイテム］をクリックすると、

4 送信したメールを確認できます。

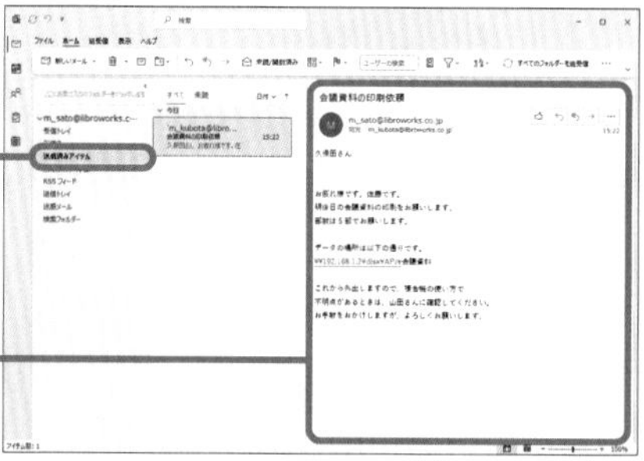
送信済みアイテム
会議資料の印刷依頼
久保田さん

Hint

［送信トレイ］にメールが残っている場合

送信したはずのメールが［送信トレイ］にある場合は、まだメールが送信されていません。パソコンがインターネットに接続されていなかった、などの原因が考えられます。メールをダブルクリックすると、［メッセージ］ウィンドウが開くので、再度内容を確認してから送信しましょう。

Section
12 メールの形式をテキスト／HTMLに切り替えよう

最近はHTML形式に対応したメールサービスが主流となっていますが、相手の環境によっては受信してもらえない可能性があります。このため、ビジネスではテキスト形式が好まれることもあります。

1 メールの形式を切り替えよう

1 ［ファイル］タブの［オプション］をクリックして、［Outlookのオプション］ダイアログボックスを表示します（50ページの手順❶参照）。

2 ［メール］をクリックし、

Memo

Outlookのメール形式

Outlook 2021では、以下の3つの形式のメールを送信可能です。

HTML形式　ウェブサイトを作成する際に使用する、「HTML言語」を利用した形式です。文字の大きさや色を変えたり、図や写真をレイアウトしたりできます。

リッチテキスト形式　HTML形式と同様、文字の装飾ができる形式です。相手に正しく受信されないことがあるため、現在はあまり使用されていません。

テキスト形式　テキスト（文字）のみで構成された形式です。Outlook 2021の初期設定ではHTML形式でメールが作成されるため、テキスト形式で作成する場合は設定の変更が必要です。

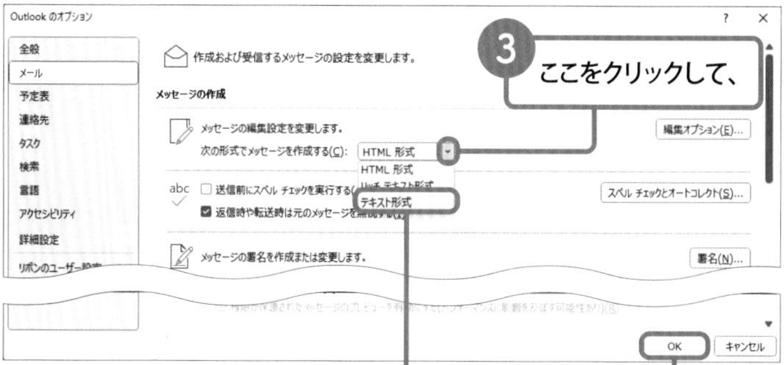

3 ここをクリックして、

4 ［テキスト形式］をクリックし、

5 ［OK］をクリックします。

6 新しいメールを作成すると、

7 形式が［テキスト］になっていることを確認できます。

Hint

メール作成時にメッセージ形式を変更する

メール作成時にメッセージの形式を変更するには、［メッセージ］ウィンドウの［書式設定］タブ→［その他のコマンド］の順でクリックして、［メッセージ形式］にマウスポインターを合わせ、目的の形式をクリックします。

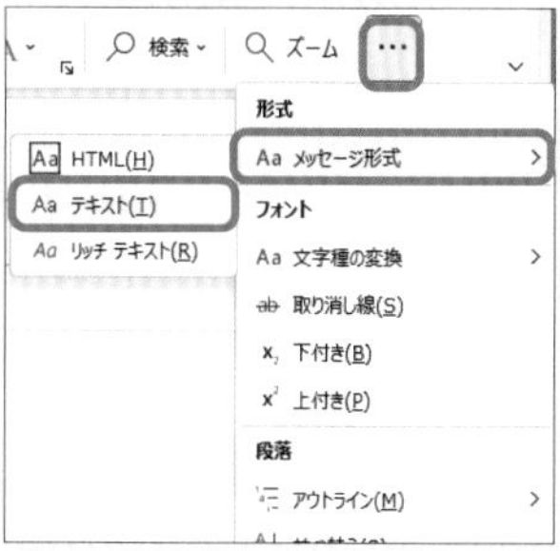

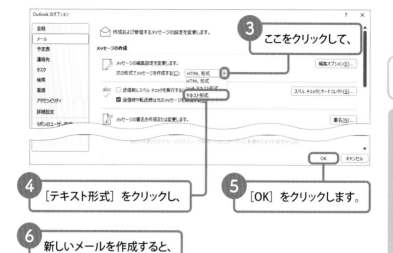

Section 13

返信・転送は別ウィンドウで開くようにしておこう

返信メールの作成時に、画面が狭くて使いづらい場合は、返信メールを新しいウィンドウで開くよう設定を変更できます。また、返信メールの作成中に新しいウィンドウで開くこともできます。

1 返信／転送メールを常に別ウインドウで開こう

1 ［ファイル］タブの［オプション］をクリックして、［Outlook のオプション］ダイアログボックスを表示します。

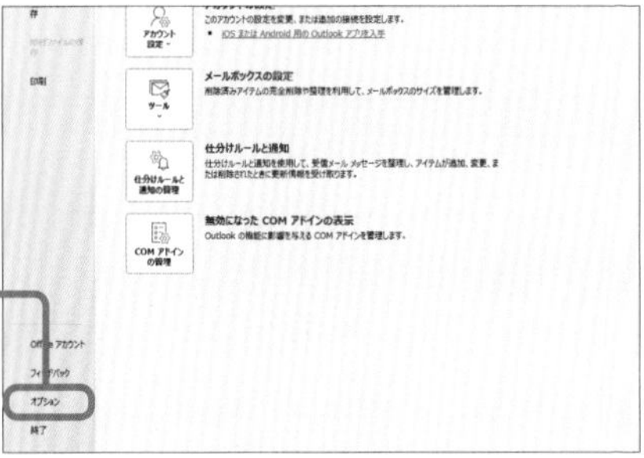

2 ［メール］をクリックし、

3 ［返信と転送を新しいウィンドウで開く］をクリックしてオンにし、

4 ［OK］をクリックします。

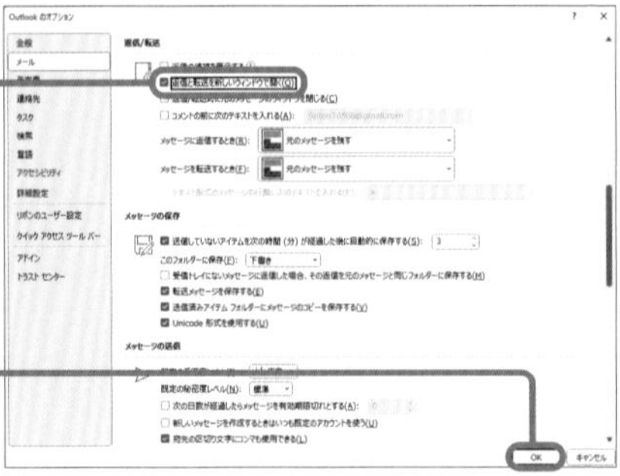

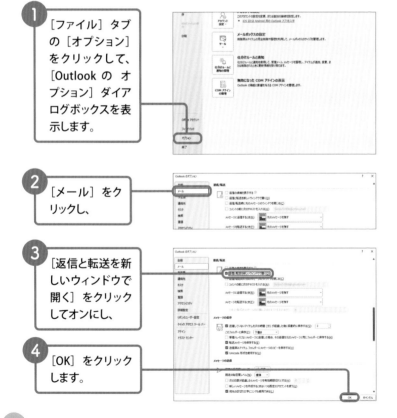

5 返信したいメールをクリックし、

6 ［返信］をクリックすると、

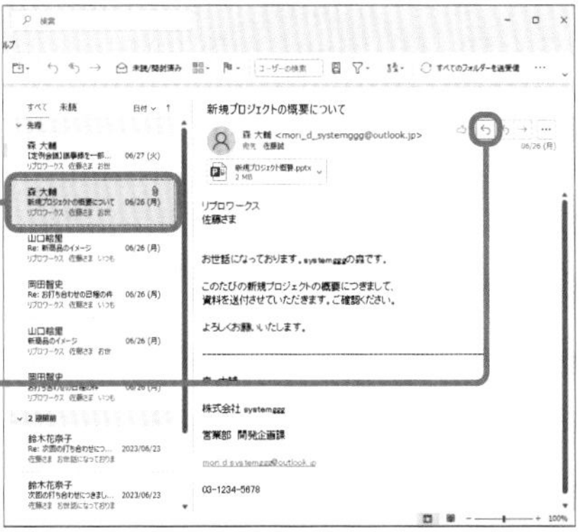

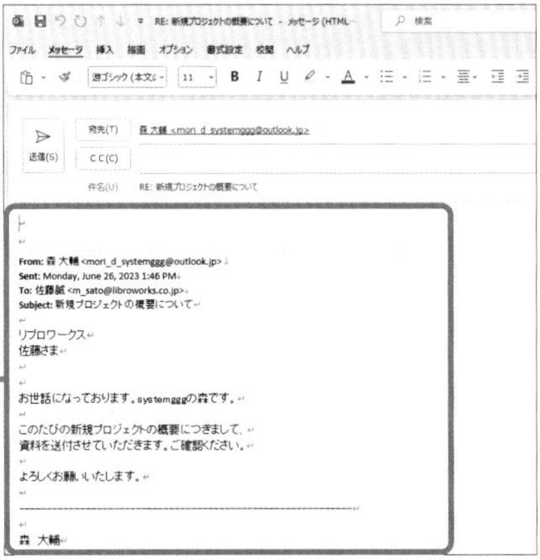

7 返信メールが新しいウィンドウで開きます。

Memo

元のメッセージの処理を選択できる

［Outlook のオプション］ダイアログボックスの［メッセージに返信するとき］では、返信メール作成時にもとのメッセージをどのように処理するかを選択できます。初期状態では［元のメッセージを残す］になっているため、返信時に自動でもとのメッセージが本文の下に挿入されます。また、［メッセージを転送するとき］から転送時の処理方法を設定できます。

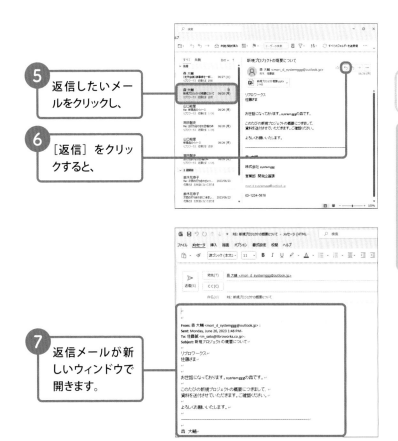

Section

14 メールを複数の宛先へ同時に送信しよう

複数の人にメールを送る場合、[宛先] にメールアドレスを追加していきます。また、CC や BCC を利用した複数宛の送信方法もあります。

1 複数の宛先に同時に送信しよう

1 Section 11 を参考に［メッセージ］ウィンドウを開き、件名と本文を入力しておきます。

2 ［宛先］に1人目のメールアドレスを入力します。

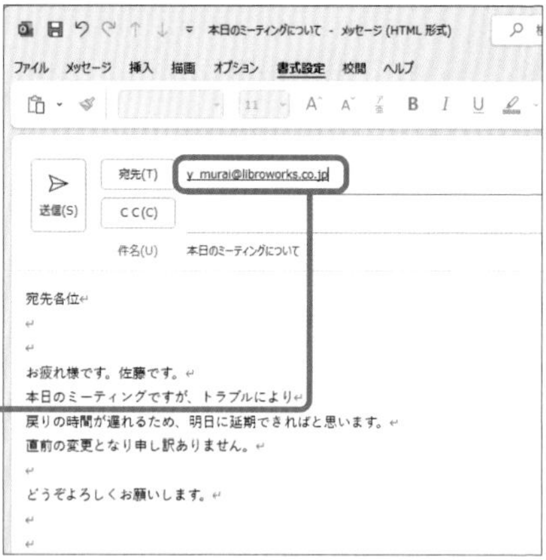

3 「;」（セミコロン）を入力した後に、2人目のメールアドレスを入力して、

4 ［送信］をクリックします。

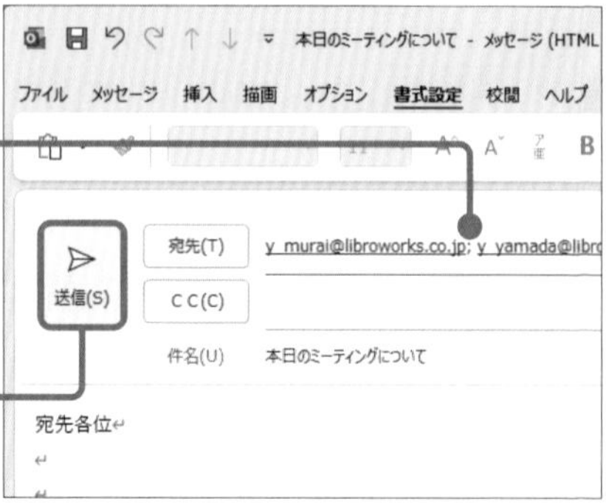

2 別の宛先にメールのコピーを送信しよう

1 Section 11 を参考に［メッセージ］ウィンドウを開き、宛先と件名、本文を入力しておきます。

2 ［CC］に、メールのコピーを送りたい相手のメールアドレスを入力し、

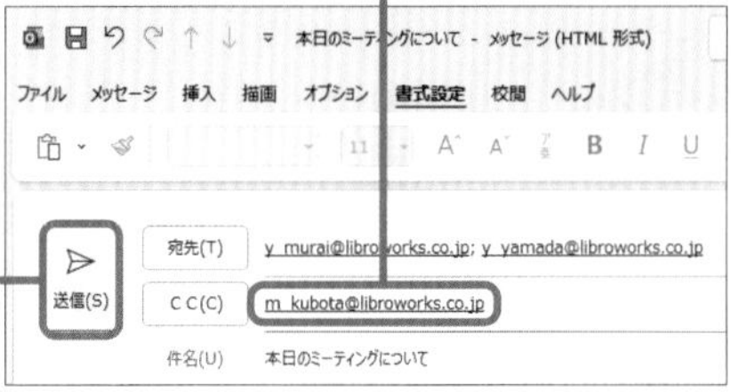

3 ［送信］をクリックします。

3 宛先を隠してメールのコピーを送信しよう

1 ［メッセージ］ウィンドウを開き、宛先と件名、本文を入力しておきます。

2 ［オプション］タブをクリックし、

3 ［…］をクリックして、［BCC］をクリックすると、

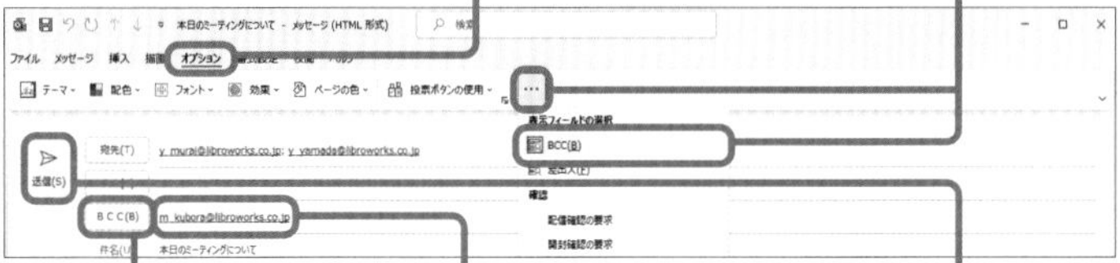

4 ［BCC］欄が追加されます。

5 ［BCC］に、ほかの受信者に知られたくない相手のメールアドレスを入力し、

6 ［送信］をクリックします。

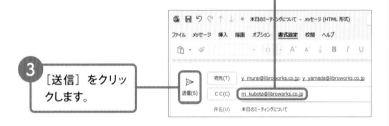

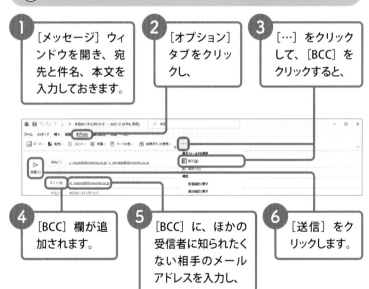

Section 15
メールの下書きを活用しよう

作成したメールをあとで見直したい場合や、やむを得ず作業を中断しなければならない場合は、[下書き] に保存します。下書き保存したメールは、あとから編集することも可能です。

1 メールを下書き保存しよう

1 [メッセージ] ウィンドウを表示して、メールを新規作成します。

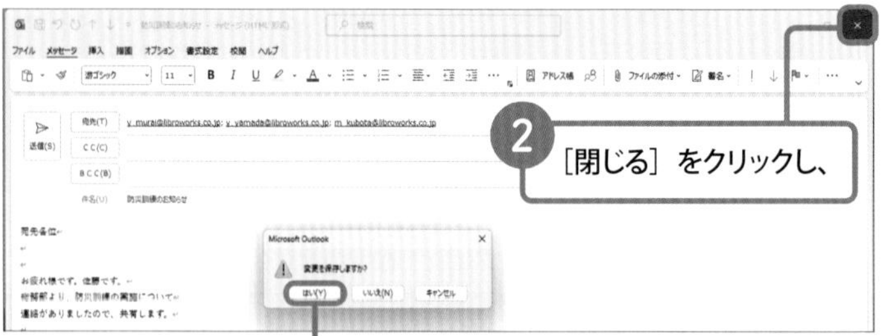

2 [閉じる] をクリックし、

3 [はい] をクリックすると、メールが下書き保存されます。

4 [下書き] フォルダーをクリックすると、

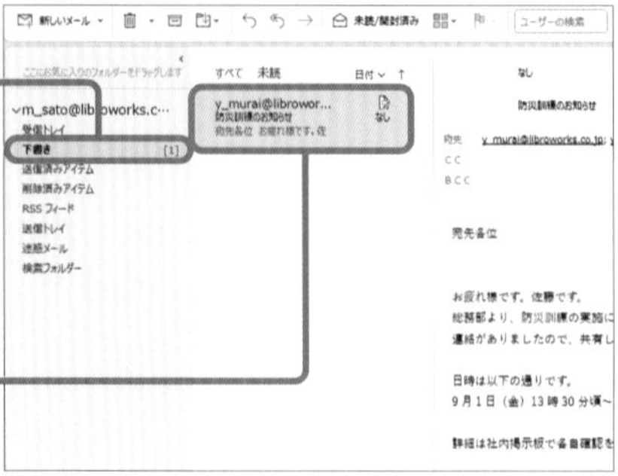

5 保存されたメールの下書きを確認できます。

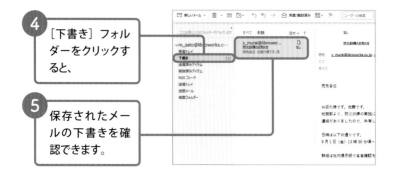

2 下書き保存したメールを送信しよう

［下書き］フォルダーを表示しています。

1 下書き保存されたメールをダブルクリックします。

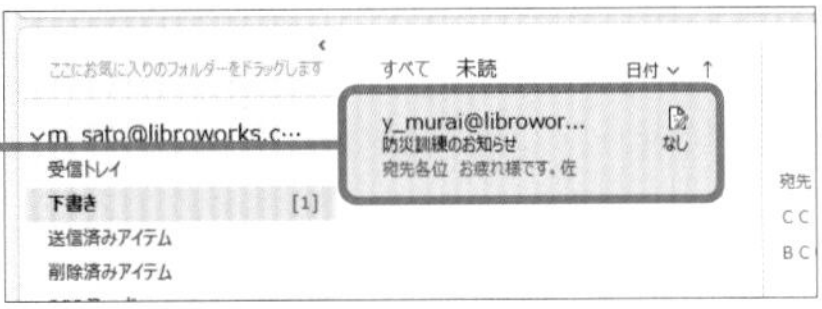

2 ［メッセージ］ウィンドウが表示されるので、本文の追加や修正をして、［送信］をクリックしてメールを送信します。

［下書き］への自動保存と時間変更

Outlook 2021では、メールを作成したまま送信しないでいると、自動的に［下書き］に保存されます。自動保存されるまでの時間は、［ファイル］タブの［オプション］→［Outlookのオプション］ダイアログボックスの下図の項目で変更可能です。

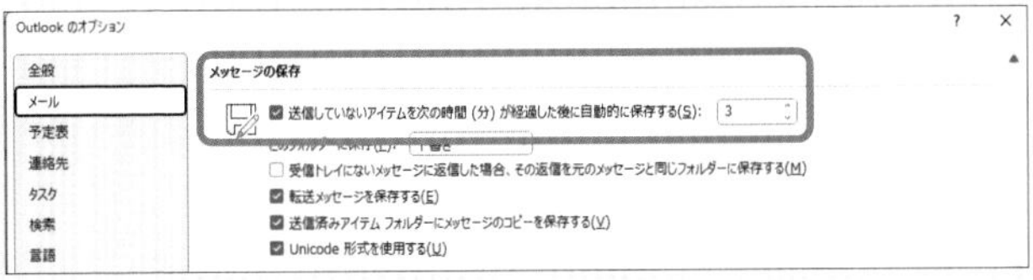

Section 16

容量の大きいファイルはOneDriveで共有しよう

容量が大きいファイルを送りたいときは、マイクロソフトが提供するクラウドストレージサービス OneDrive を利用すると便利です。OneDrive にファイルを保存して、そのファイルへのリンクをメールで送りましょう。

1 添付ファイルをリンクで共有しよう

1 46ページを参考に［メッセージ］ウィンドウを開き、宛先と件名、本文を入力しておきます。

2 ［挿入］タブをクリックし、

3 ［ファイルの添付］をクリックして、

4 ［Web 上の場所を参照］にマウスポインターを合わせて、

5 ［OneDrive］をクリックします。

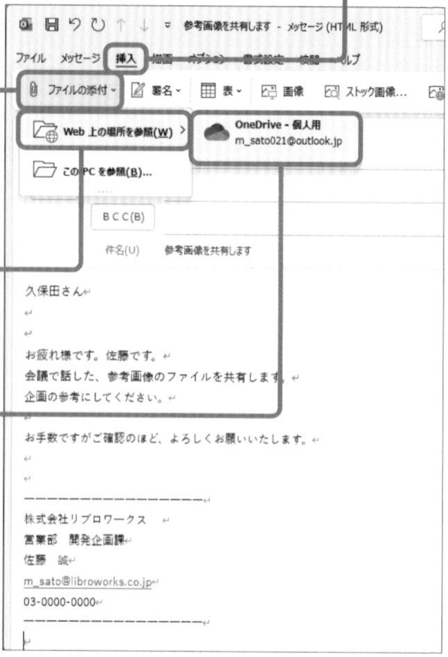

6 OneDrive上に保存した、共有したいファイルや圧縮したフォルダーをクリックし、

7 ［挿入］をクリックして、

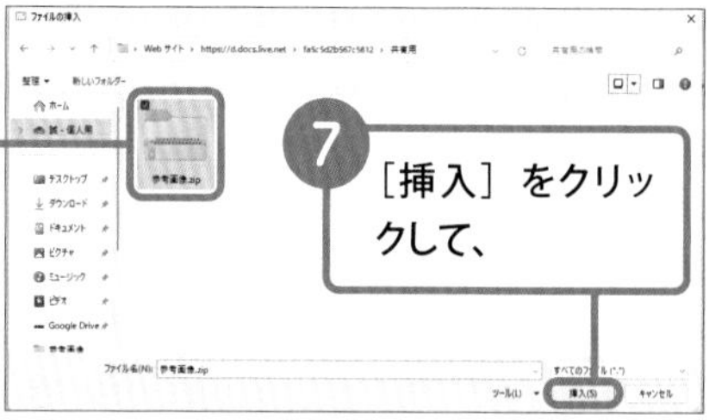

8 ［リンクの共有］をクリックすると、

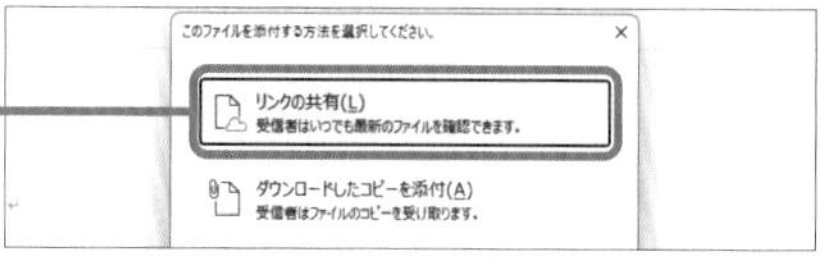
このファイルを添付する方法を選択してください。
リンクの共有(L)
受信者はいつでも最新のファイルを確認できます。
ダウンロードしたコピーを添付(A)
受信者はファイルのコピーを受け取ります。

9 OneDriveのリンクがメールに添付されます。

10 添付したファイルやフォルダーに雲のマークが表示されていれば、リンクが共有されています。

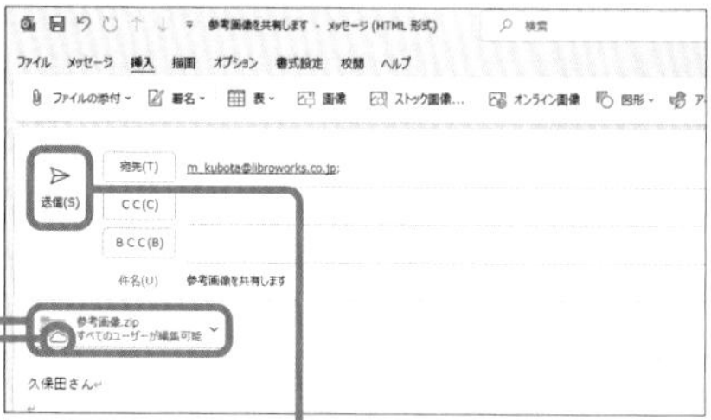

11 ［送信］をクリックして、メールを送信します。

Memo

共有されたリンクからファイルを保存する

添付ファイルの ⌄ をクリックして、［名前を付けて保存］または［すべての添付ファイルを保存］をクリックすると、ファイルをOneDrive上からダウンロードできます。

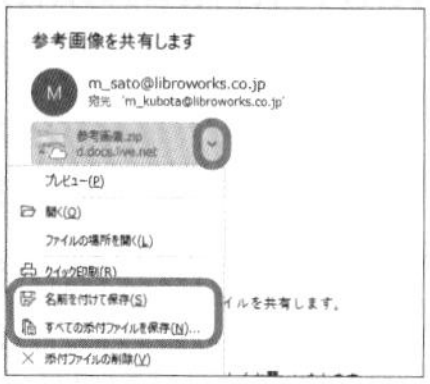

2 OneDriveフォルダーからリンクを共有しよう

1 エクスプローラーで OneDrive フォルダーを表示します。

2 リンクを共有したいファイルを右クリックし、

3 ［共有］をクリックします。

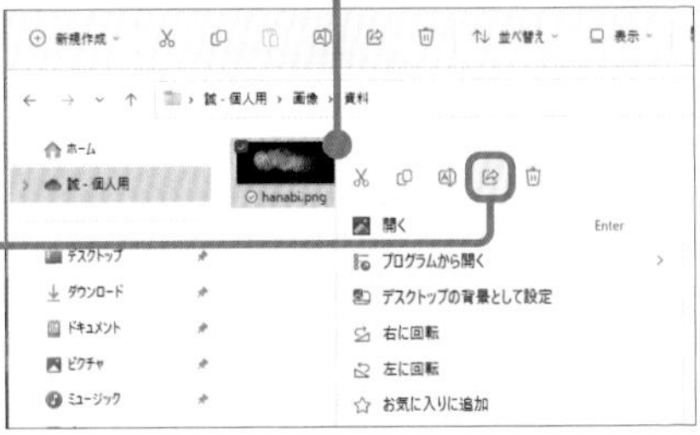

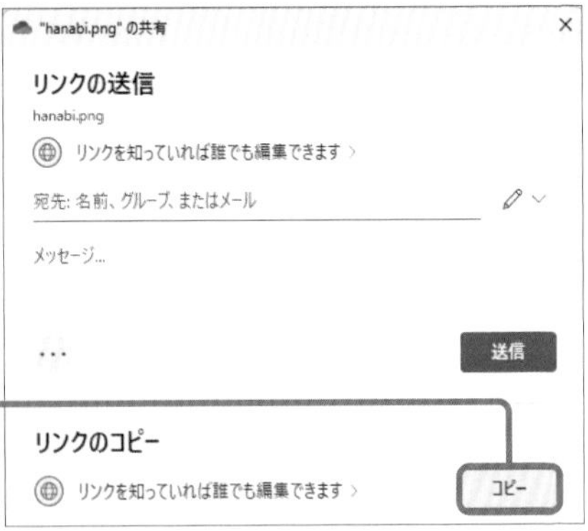

4 表示された［共有］ダイアログボックスで［コピー］をクリックすると、

5 ファイルへのリンクが作成されます。

6 ［コピー］をクリックすると、

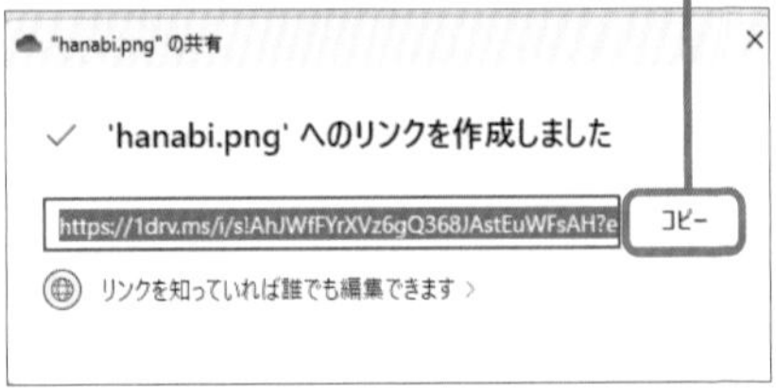

7 クリップボードにリンクがコピーされます。

8 46ページを参考に、Outlookで［メッセージ］ウィンドウを開き、宛先と件名、本文を入力します。

9 コピーしたリンクをメールの本文に貼り付けて、

10 ［送信］をクリックして、メールを送信します。

Stepup

共有の設定を変更する

手順❹の画面で［リンクを知っていれば誰でも編集できます］をクリックすると、共有の設定を変更できます。［特定のユーザー］をクリックしてメールアドレスを入力すると、そのユーザーとだけファイルを共有できます。また、［編集可能］をクリックすると、共有の権限を変更できます。共有ユーザーにファイルの編集を許可しない場合は［表示可能］を選択します。［適用］をクリックすると、共有の設定が変更されます。共有前に設定を確認し、必要に応じて変更しておきましょう。

Section 17

定型メール文はテンプレート化しておこう

毎月行われる定例会の報告など、決まった形式のメールを送信する場合は、定型文を作成しておくと便利です。メールを1から作成する手間が省け、作業効率が向上します。

1 クイック操作で定型文を作成しよう

1 ［ホーム］タブをクリックし、

2 ［その他のコマンド］ ⋯ をクリックし、

3 ［クイック操作］にマウスポインターを合わせて、

4 ［新規作成］をクリックします。

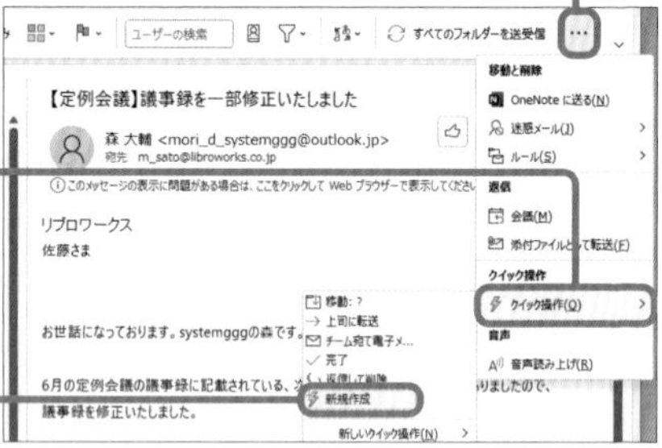

5 定型文の名前を入力し、

6 ［メッセージの作成］を選択して、

7 送信先のメールアドレスを入力し、

8 ［オプションの表示］をクリックします。

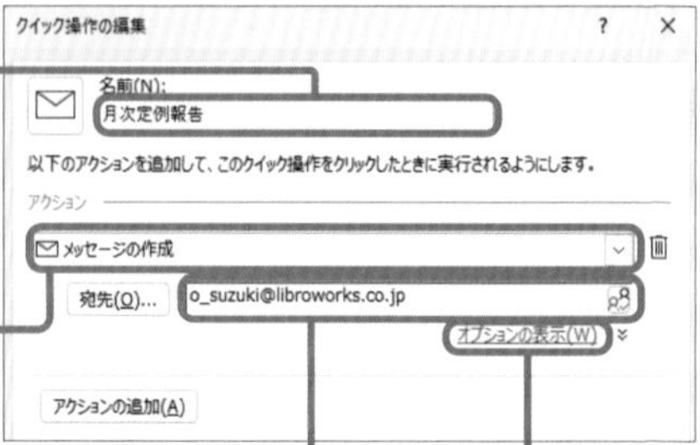

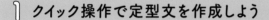

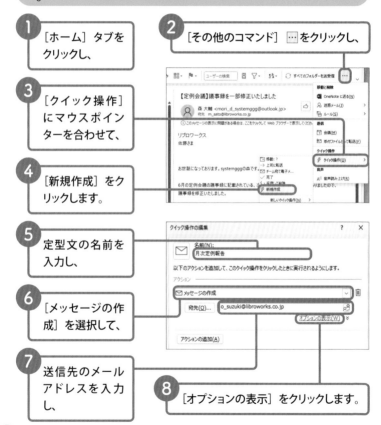

9 メールの宛先や件名を入力し、

10 定型文の内容を入力して、

11 ［完了］をクリックします。

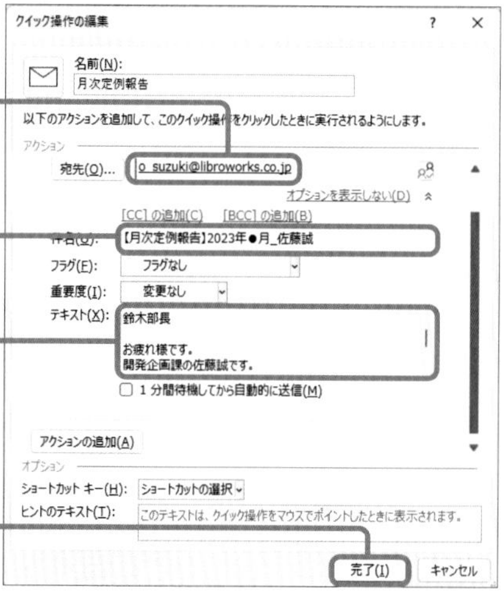

2 定型文を呼び出そう

1 ［ホーム］タブをクリックし、

2 ［その他のコマンド］ … をクリックして、

3 ［クイック操作］にマウスポインターを合わせて、

4 作成した項目をクリックすると、

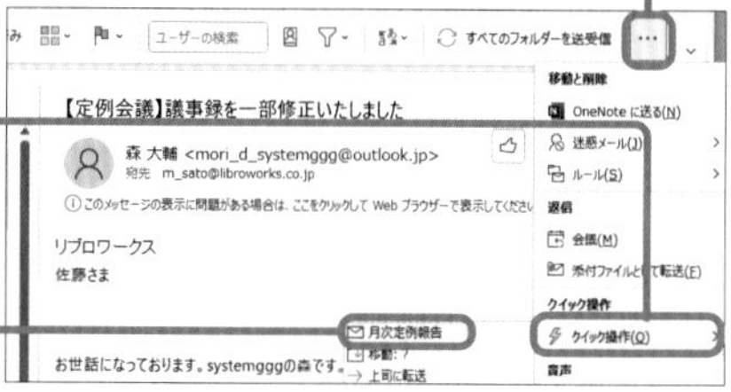

5 定型文が入力された［メッセージ］ウィンドウが表示されます。

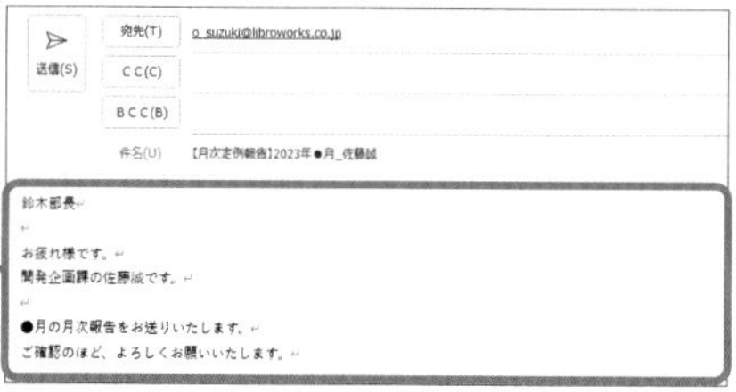

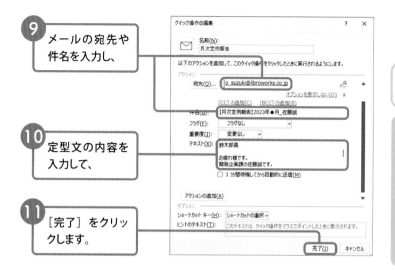

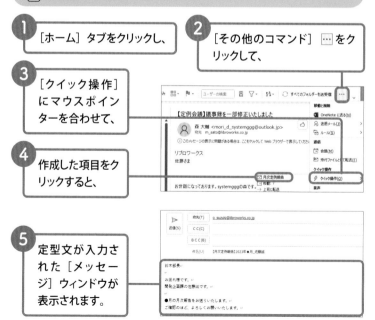

Section 18

署名は複数パターン用意して使い分けよう

署名とは、自分の名前や連絡先などをまとめたもので、作成するメールの末尾に表示されます。あらかじめ署名を設定しておけば、メール作成時に連絡先を記載する手間が省けます。

1 署名を作成しよう

1 [ファイル] タブの [オプション] をクリックして、[Outlook のオプション] ダイアログボックス表示します（50 ページの手順❶参照）。

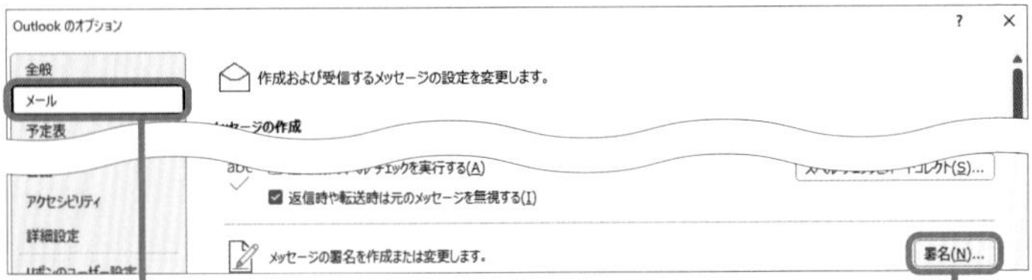

2 [メール] をクリックして、

3 [署名] をクリックします。

4 [新規作成] をクリックし、

5 署名の名前を入力し、

6 [OK] をクリックします。

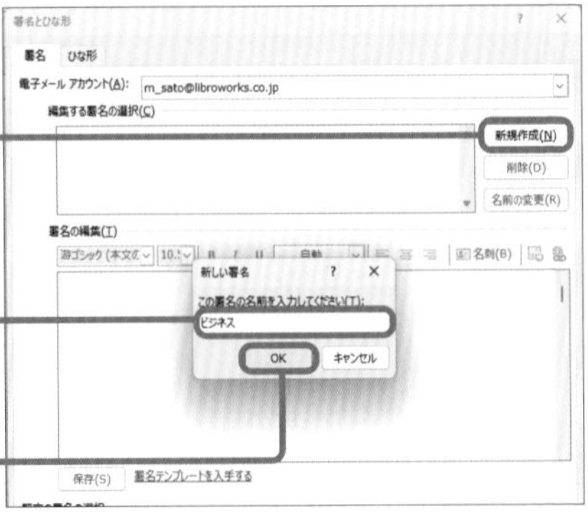

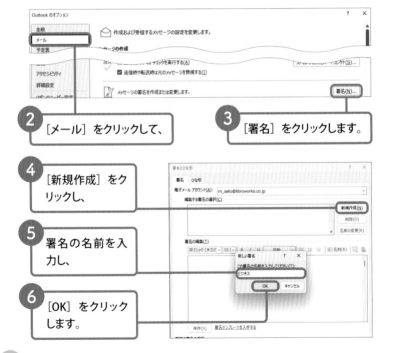

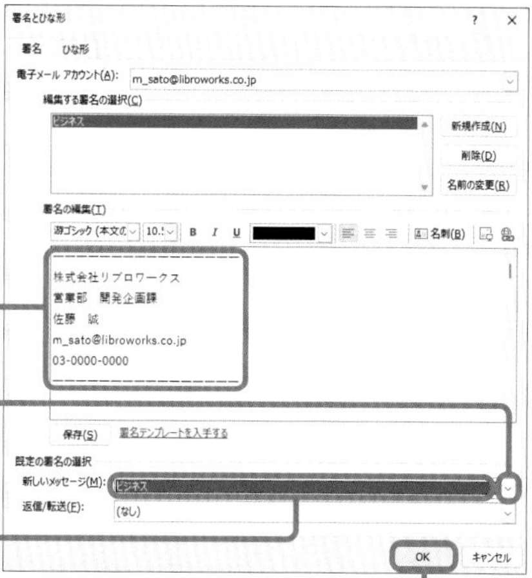

7 書名の内容を入力します。

8 新しいメールに署名が自動入力されるようにします。ここをクリックして、

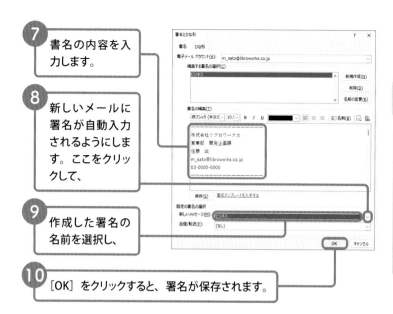

9 作成した署名の名前を選択し、

10 ［OK］をクリックすると、署名が保存されます。

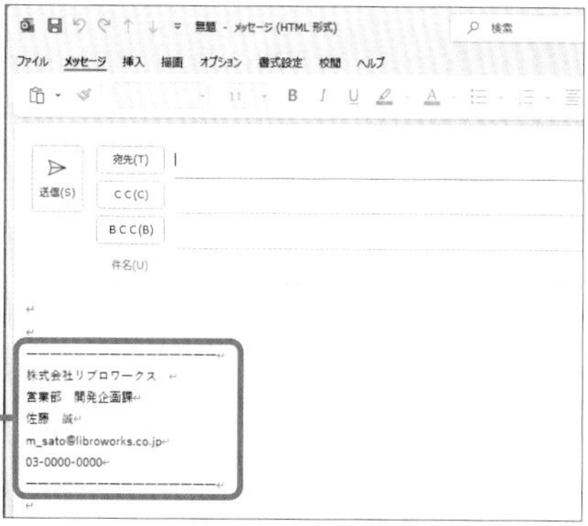

11 46ページを参考に［メッセージ］ウィンドウを表示すると、署名がメールの本文内に自動的に追加されています。

Hint

署名の名前

署名には「ビジネス」や「プライベート」など、わかりやすい名前を付けておきましょう。複数の署名を作成して、切り替えて使用することもできます。

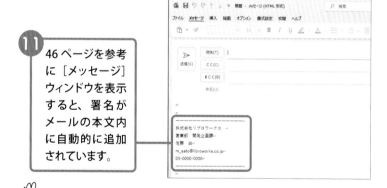

Section 19

Teams会議への出席依頼メールを送ろう

Microsoft Storeから「組織用Teamsアプリ」をインストールすると、Teams会議の予定を作成するのと同時に、参加者に出席依頼のメールを送信できます。この機能は、Windows 11標準のTeamsでは利用できません。

1 会議への出席依頼メールを送ろう

1 ［ホーム］タブをクリックし、

2 ［新しいアイテム］をクリックして、

3 ［Teams会議］をクリックします。

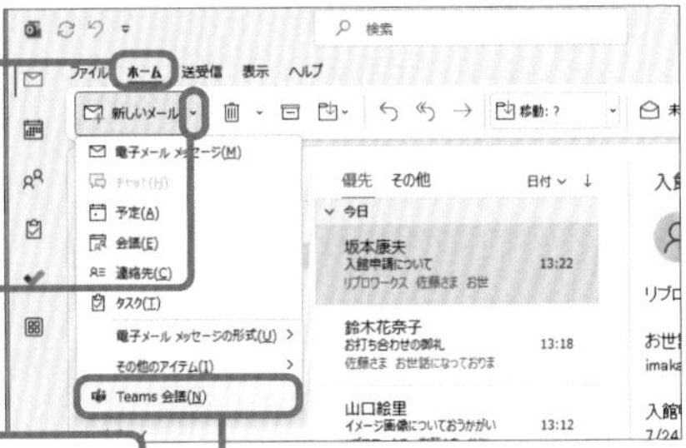

Stepup スケジュールアシスタントを使おう

［必須］と［任意］に会議の参加者を追加している状態で［スケジュールアシスタント］タブをクリックすると、会議の参加者の予定が一覧で表示されます。予定が入っていないことを確認してから日時を決められるので便利です。

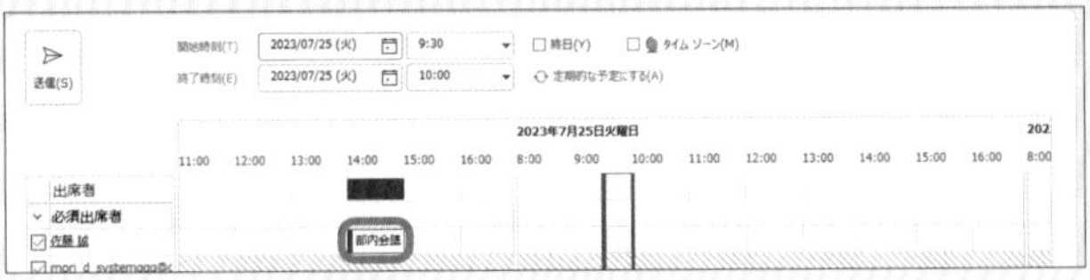

4 ［必須］に、必ず参加してほしい人のメールアドレスを入力し、

5 ［任意］に、任意で参加してほしい人のメールアドレスを入力して、

6 ［送信］をクリックします。

7 必須出席者と任意出席者に、メールで会議出席依頼が送信されます。

8 ［メール］をクリックし、

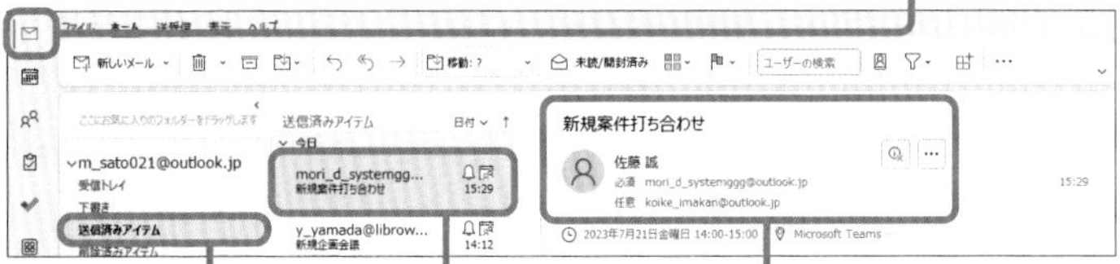

9 ［送信済みアイテム］をクリックすると、

10 送信された会議出席依頼のメールを確認できます。

11 ［予定表］をクリックし、予定を確認すると、

12 会議が自動的に、予定表に登録されています。

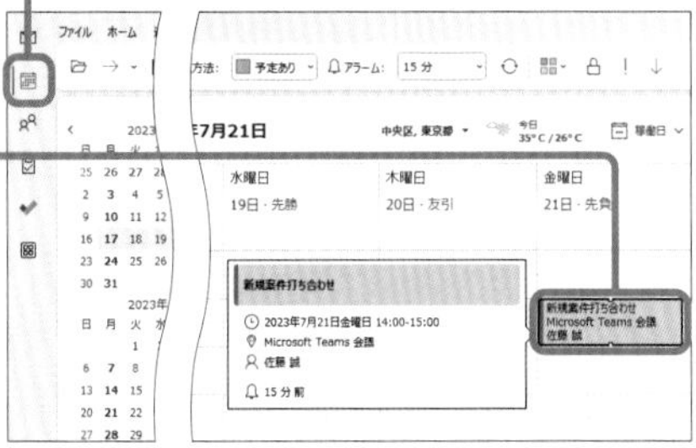

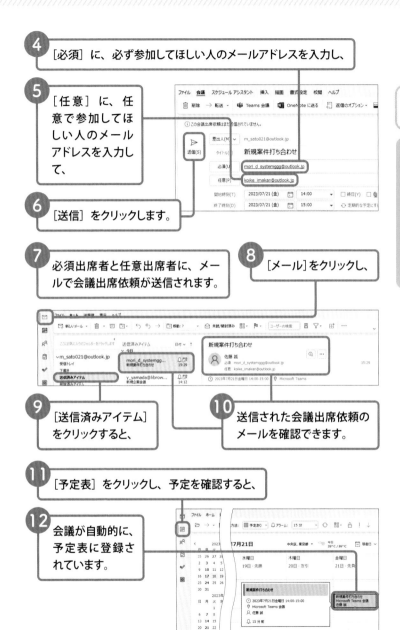

Section 20

出席依頼メールに出欠を付けて返信しよう

Section 19 で送信された出席依頼メールを受信した人は、参加の可否を選択できます。参加を選択した場合は、その人の予定表にカレンダーが自動的に登録されます。

1 招待された会議を承諾しよう

1 受信した出席依頼メールを開きます。

2 ［承諾］をクリックし、

3 ［コメントを付けて返信する］をクリックします。

4 コメントを入力して、

5 ［送信］をクリックします。

Hint

出席依頼にすぐに返信する

手順❸で［すぐに返信する］をクリックすると、出席依頼への返信メールがすぐに送信されます。

6 出席を承諾するメールが送信され、出席依頼メールは受信トレイで非表示になります。

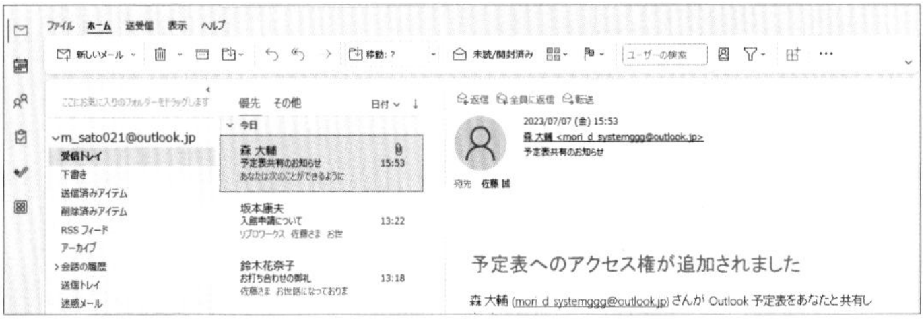

7 ［送信済みアイテム］をクリックすると、

8 出席依頼への返信メールが表示されます。

9 ［予定表］をクリックし、予定を確認すると、

10 出席を承諾した予定が、自動で予定表に登録されています。

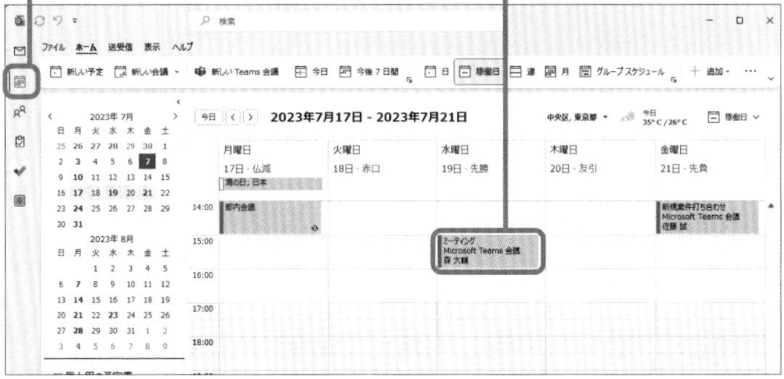

2 招待された会議に理由付きで辞退しよう

1 受信した出席依頼メールを開きます。

2 ［辞退］をクリックし、

3 ［コメントを付けて返信する］をクリックします。

4 辞退する理由などをコメントで入力して、

5 ［送信］をクリックします。

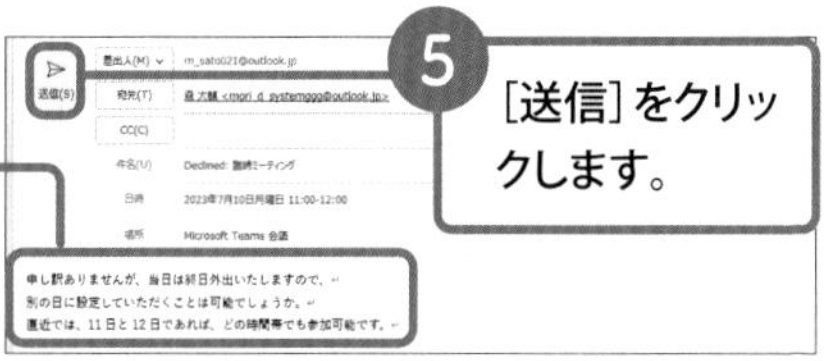

6 出席を辞退するメールが送信され、出席依頼メールは受信トレイで非表示になります。

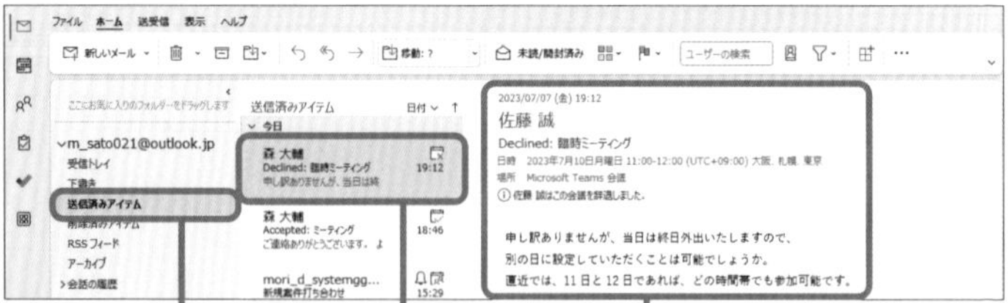

7 ［送信済みアイテム］をクリックすると、

8 出席依頼への返信メールが表示されます。

Memo

出席を辞退した予定

出席を辞退した予定は、予定表に追加されません。

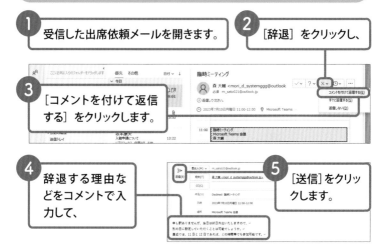

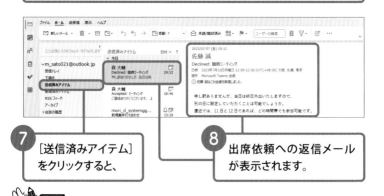

Chapter

3

メールの整理と仕分けで効率アップしよう

Section

21 未読メールのみを表示しよう

22 メールを並べ替えて見つけやすくしよう

23 行方不明のメールは高度な検索で探し出そう

24 受信したメールを仕分けして整理しよう

25 設定した条件のメールが目立つようにしよう

26 メールに重要度を設定しよう

27 迷惑メールを自動的に振り分けよう

28 同じ案件のメールはスレッドでまとめて確認しよう

29 受信したメールを自動で転送しよう

30 クリーンアップでフォルダーを整理しよう

31 自動保存の間隔を短めに設定しよう

32 自動送受信の間隔を短めに設定しよう

Section
21 未読メールのみを表示しよう

メールを読んでいない状態を［未読］、すでに読み終わった状態を［既読］（開封済み）といいます。未読メールのみを表示する機能を利用すれば、重要なメールをすぐに見つけられます。

1 未読メールのみを表示しよう

［受信トレイ］を表示しています。

1 ［未読］タブをクリックすると、

ここには、未読のメール数が表示されます。

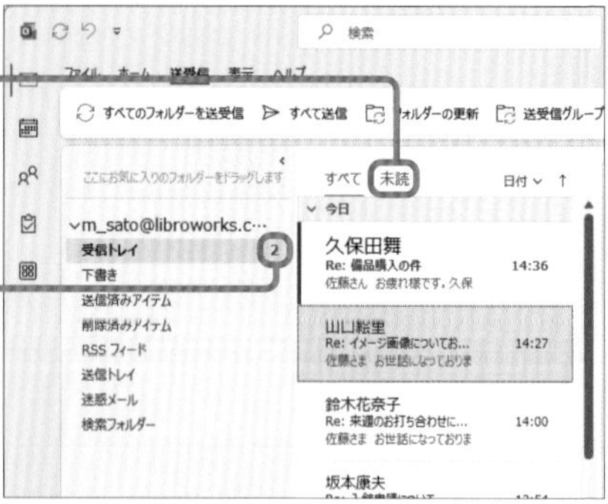

［すべて］タブをクリックすると、元の表示に戻ります。

2 未読のメールのみが表示されます。

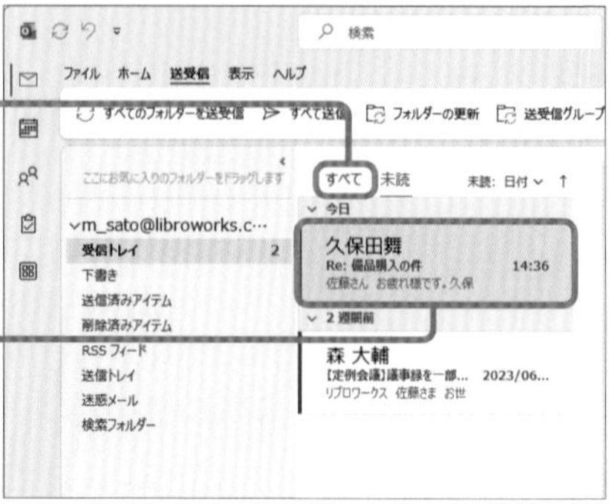

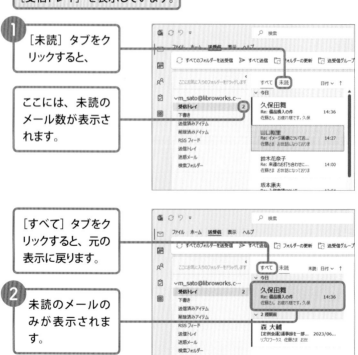

2 既読メールを未読に切り替えよう

1 既読のメールをクリックし、

2 ［ホーム］タブをクリックし、［未読/開封済み］をクリックすると、

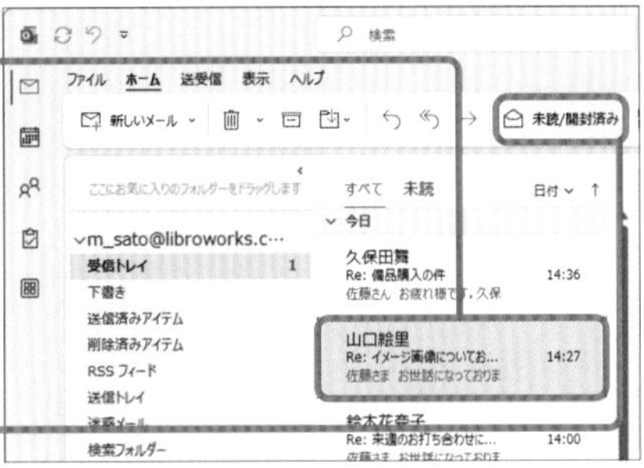

3 メールが未読に切り替わります。

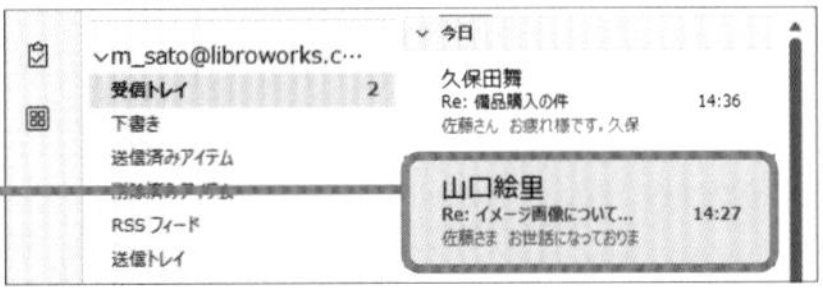

Memo

一定時間経ったら既読にする

未読メールは通常、閲覧ウィンドウでの表示が終わると既読になります。閲覧ウィンドウに表示してから一定時間後に既読にするには、［表示］タブの［レイアウト］→［閲覧ウィンドウ］→［オプション］で、下記の設定を行います。

1 ［次の時間閲覧ウィンドウで表示するとアイテムを開封済みにする］をクリックしてオンにして、

2 秒数を入力し、

3 ［OK］をクリックします。

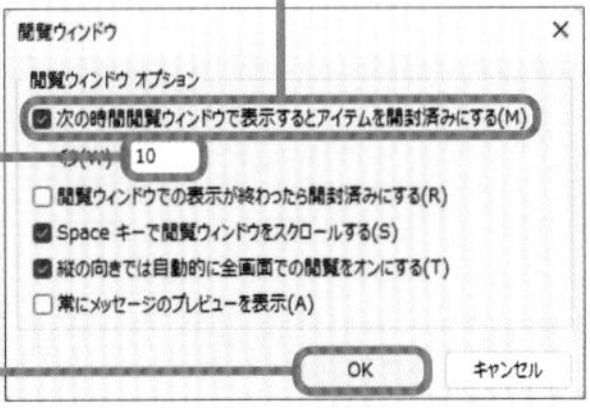

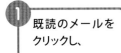

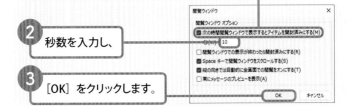

Section 22 メールを並べ替えて見つけやすくしよう

［受信トレイ］に表示されたメールは、日付の古い順や差出人ごとに並べ替えることが可能です。用途に応じて並べ替えることで、目的のメールがより探しやすくなります。

1 メールを日付の古い順に並べ替えよう

［受信トレイ］を表示し、メールが日付の新しい順に並んでいます。

1 ［日付］の ↑ をクリックすると、

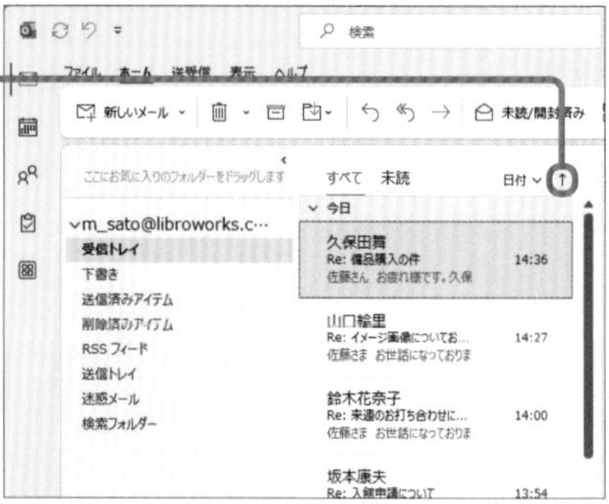

2 表示が ↓ に変わり、

3 日付の古いメールから順に並びます。

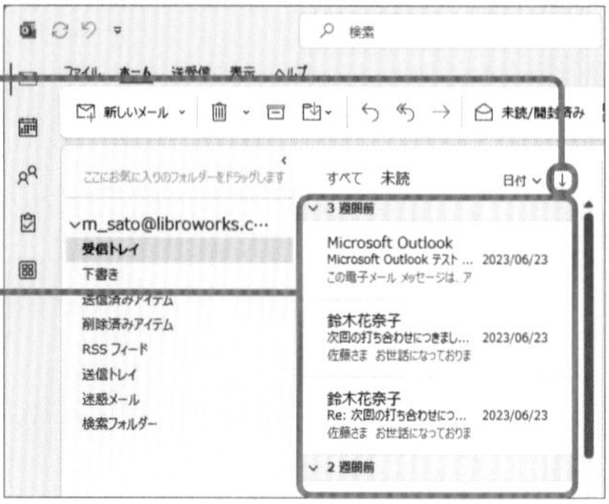

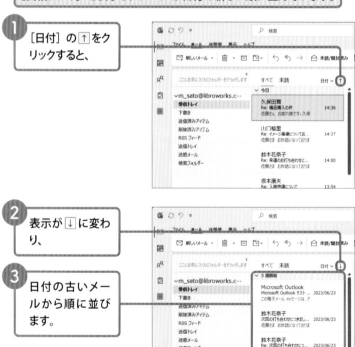

2 メールを差出人ごとに並べ替えよう

1 ［表示］タブをクリックし、

2 ［並べ替え］をクリックして、

3 ［差出人］をクリックすると、

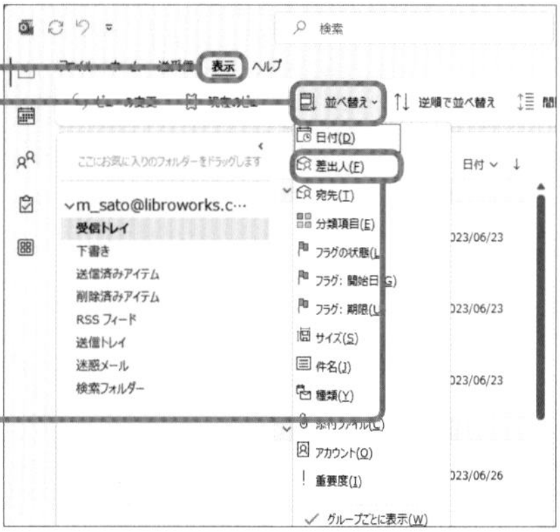

4 メールが差出人ごとにまとめられて、並んで表示されます。

Memo

並べ替えの操作について

［逆順で並べ替え］をクリックしても、72ページと同じように、新しい順や古い順（昇順や降順）に並べ替えることができます。

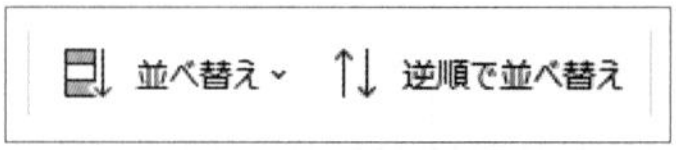

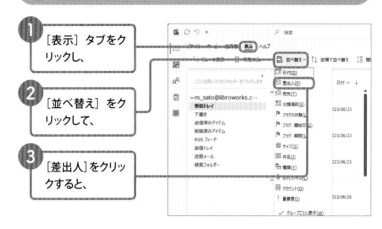

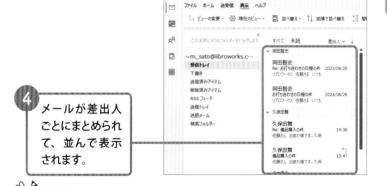

Section 23

行方不明のメールは高度な検索で探し出そう

管理するメールの数が増えてくると、目的の情報を探し出すのに手間がかかります。［高度な検索］を使うと、条件を設定して検索できるため、目的の情報を探しやすくなります。

1 ［高度な検索］で検索しよう

1 検索ボックスをクリックし、

2 その他のコマンド … をクリックして、

3 ［検索ツール］にマウスポインターを合わせ、

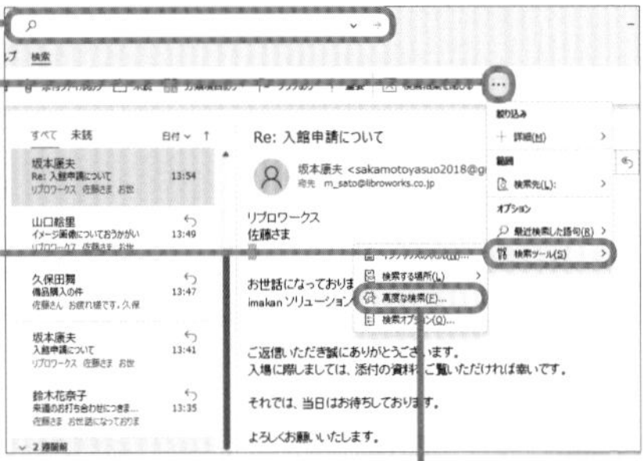

4 ［高度な検索］をクリックします。

5 ［高度な検索］ダイアログボックスが表示されます。

6 「打ち合わせ」と入力して、

7 ［件名］を選択し、

8 ［高度な検索］タブをクリックします。

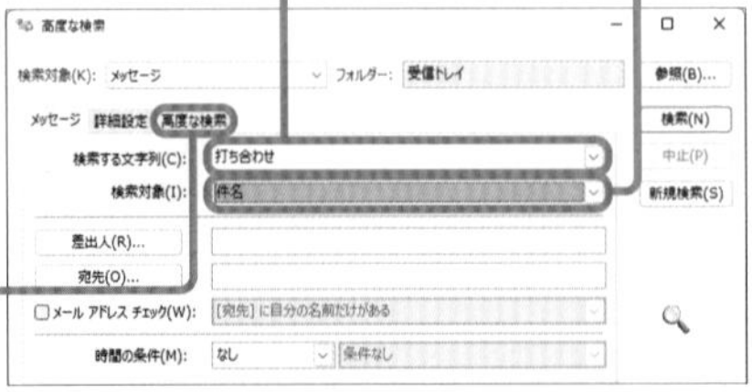

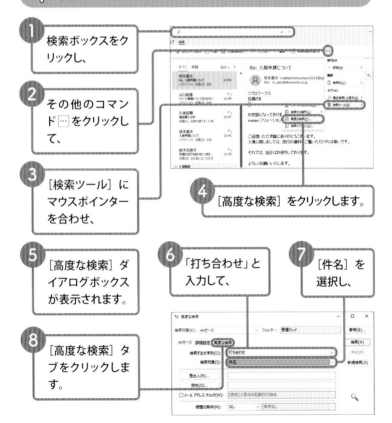

9 ［フィールド］をクリックし、

10 ［すべてのメールフィールド］にマウスポインターを合わせて、

11 ［重要度］をクリックします。

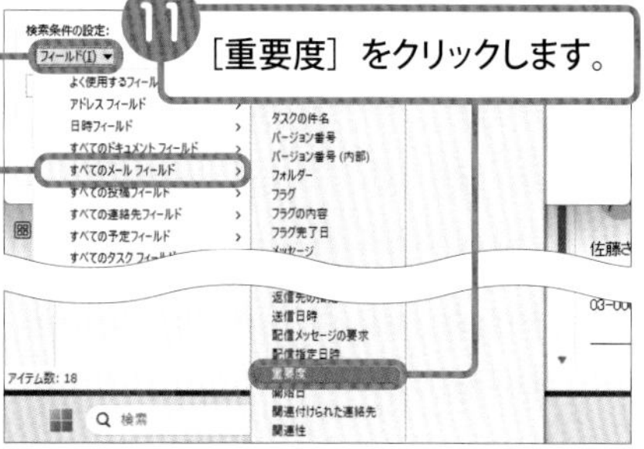

12 ［値］で「高」を選択し、

13 ［一覧に追加］をクリックします。

14 ［検索］をクリックすると、検索状態に合ったアイテムが表示されます。

15 アイテムをダブルクリックすると、内容を確認できます。

Memo

重要度の設定

重要なメールに重要度を設定することで、ほかのメールと区別できます。詳しくは、80ページを参照してください。

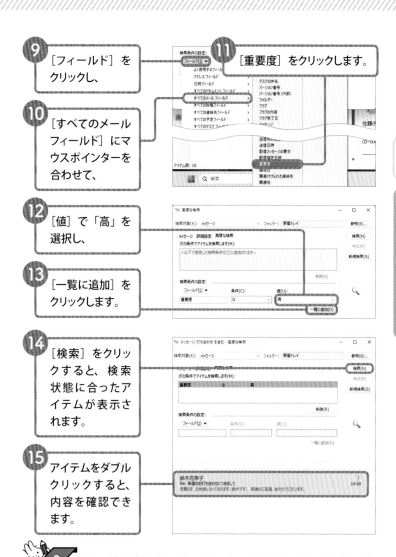

Section
24 受信したメールを仕分けして整理しよう

受信メールをフォルダーに分けて管理すると、目的のメールが探しやすくなります。フォルダー名は自由に変えられるので、わかりやすい名前を付けましょう。

1 フォルダーを新規作成しよう

1 フォルダーを作成したい場所（ここでは［受信トレイ］）を右クリックします。

2 ［フォルダーの作成］をクリックします。

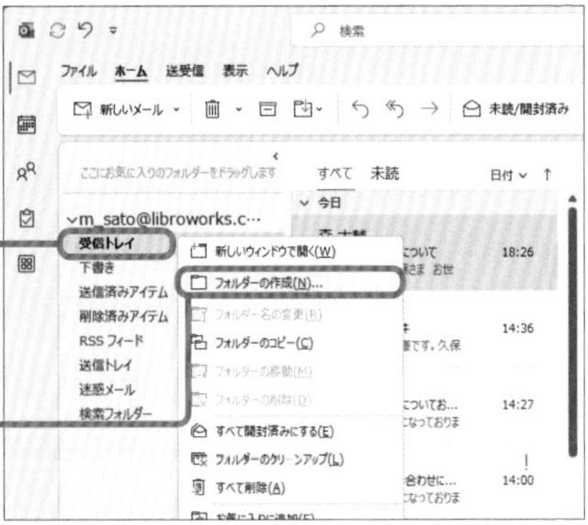

3 名前がないフォルダーが作成されるので、フォルダー名をを入力し（ここでは「定例会議」）、Enter を押します。

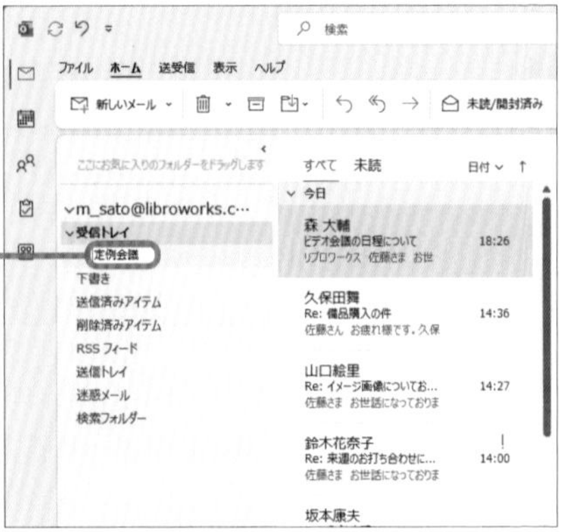

2 作成したフォルダーにメールを移動しよう

1 ［受信トレイ］にあるメールを、［定例会議］フォルダーにドラッグ＆ドロップします。

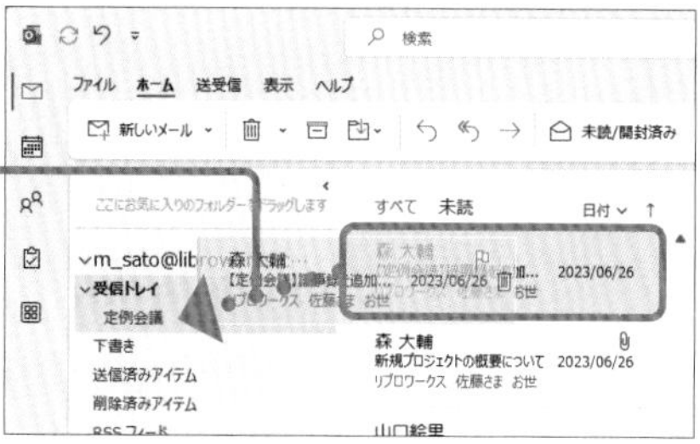

2 ［定例会議］フォルダーをクリックすると、

3 移動したメールが表示されます。

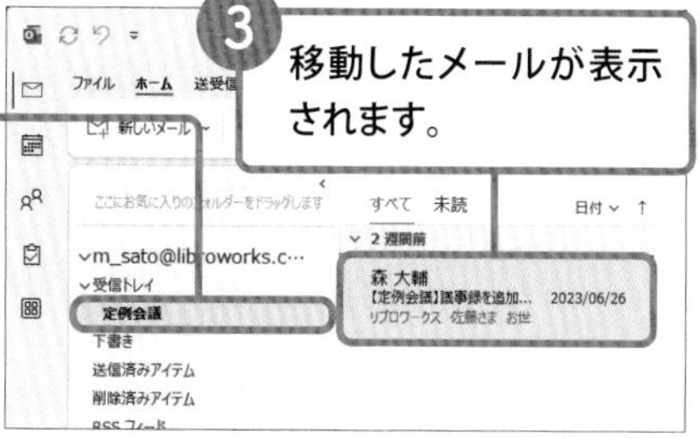

Hint 複数のメールを一度に移動する

Ctrl を押しながらメールを順にクリックすると、複数のメールを同時に選択できます。この状態でドラッグすると、複数のメールをまとめて移動できます。また、あるメールをクリックして選択し、Shift を押しなら別のメールをクリックすると、その間にあるメールをすべて選択できます。

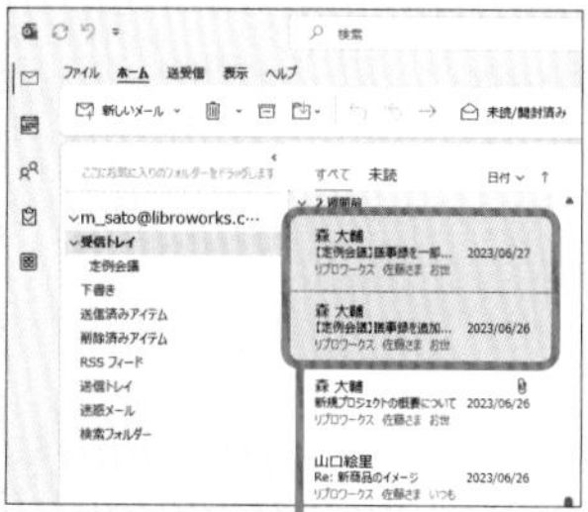

Ctrl または Shift を押しながらメールをクリックします。

Section 25

設定した条件のメールが目立つようにしよう

頻繁にやり取りする相手からのメールの書式を変更しておくと、見た目でわかりやすくなり、探し出す手間が省けます。フォントのほか、色や太さ、サイズを変更できるため、好みに合わせて選べます。

1 条件に当てはまるメールの書式を変更しよう

1 ［表示］タブをクリックし、

2 ［現在のビュー］をクリックして、

3 ［ビューの設定］をクリックします。

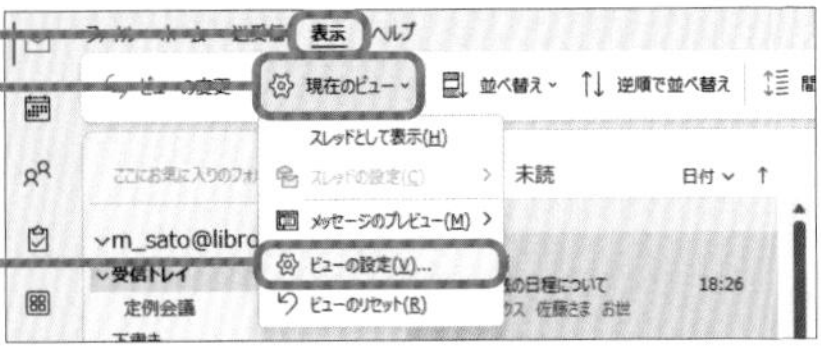

4 ［条件付き書式］をクリックします。

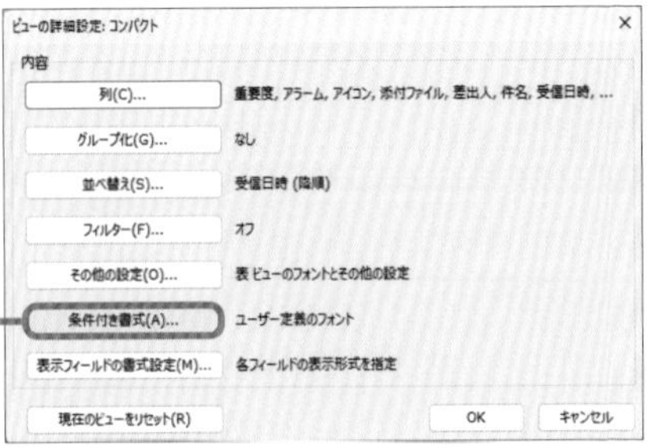

Memo

条件書式によるメールの色分け

ここでは、「条件付き書式」という機能を利用して、特定の相手から受信したメールにフォントなどの書式を設定しています。これは、メールの内容が一定の条件になったときに、指定のスタイルで表示する方法です。［送信トレイ］などに置かれているメールも、この方法で書式を設定できます。

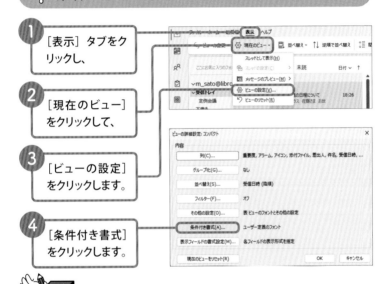

5 ［追加］をクリックし、

6 条件付き書式の［名前］を入力します。

7 ［フォント］をクリックしてメールの表示書式を設定し、

8 ［条件］をクリックします。

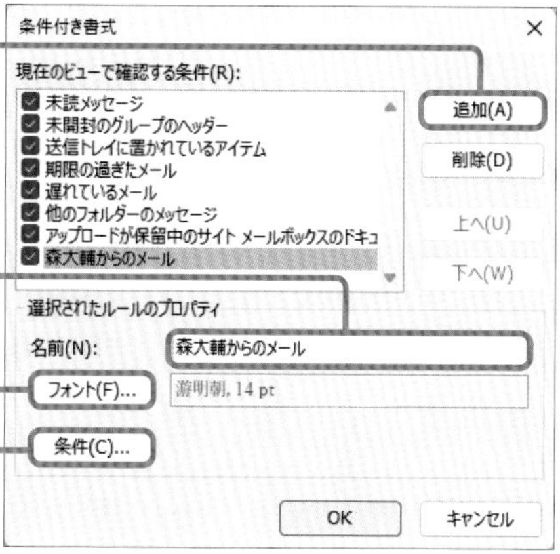

9 条件付き書式を設定したい相手のメールアドレスを入力し、

10 ［OK］を続けてクリックして設定を完了します。

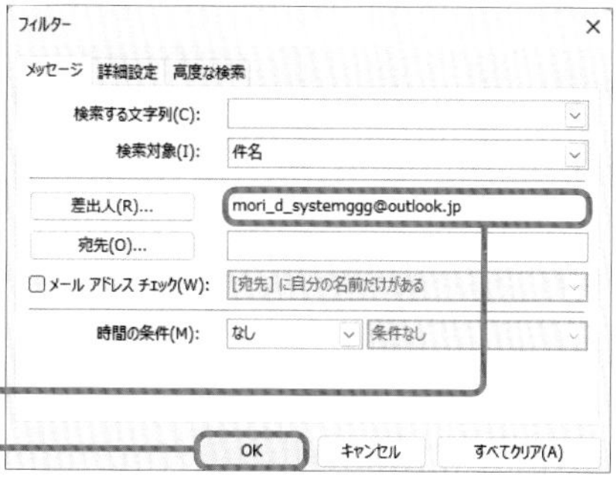

11 ［受信トレイ］をクリックすると、

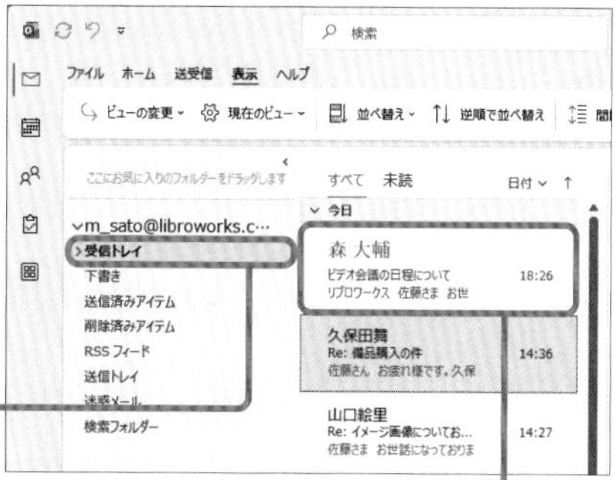

12 条件に合うメールの書式が変更されています。

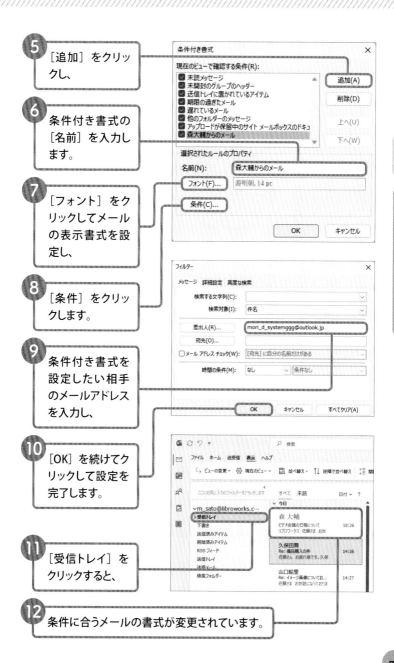

メールに重要度を設定しよう

Outlook では、メールに「重要度」を設定することができます。重要なメールに重要度を設定しておけば、メールを受け取った相手も重要なメールであることに気がつくので、見落としなどの防止に役立ちます。

1 送信メールに重要度を設定しよう

1 ［新しいメール］をクリックし、［メッセージ］ウィンドウを開きます。

2 !（［重要度－高］）をクリックして、

3 ［送信］をクリックしてメールを送信します。

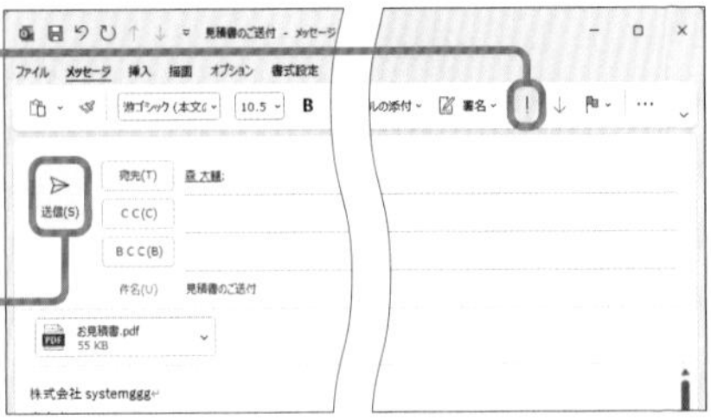

4 ［送信トレイ］で確認すると、送信したメールには重要度が設定されています。

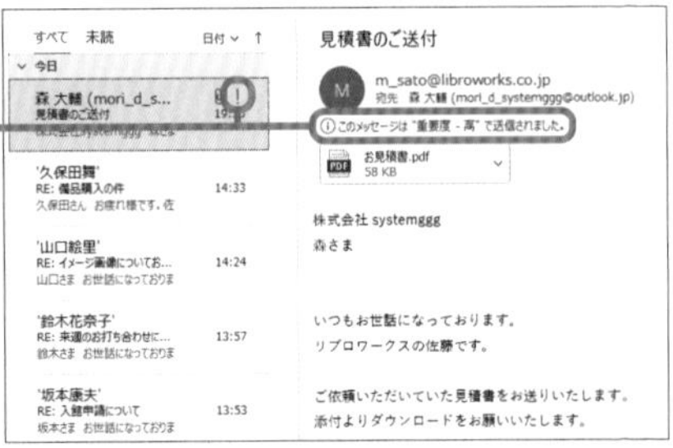

2 受信したメールに重要度を設定しよう

1 重要度を設定したいメールをダブルクリックして開きます。

2 「タグ」グループ右下の ⧉ をクリックします。

3 重要度を［高］に設定して、

4 ［閉じる］をクリックします。

5 続いて［メッセージ］ウィンドウを閉じると、確認のダイアログボックスが表示されるので、［はい］をクリックします。

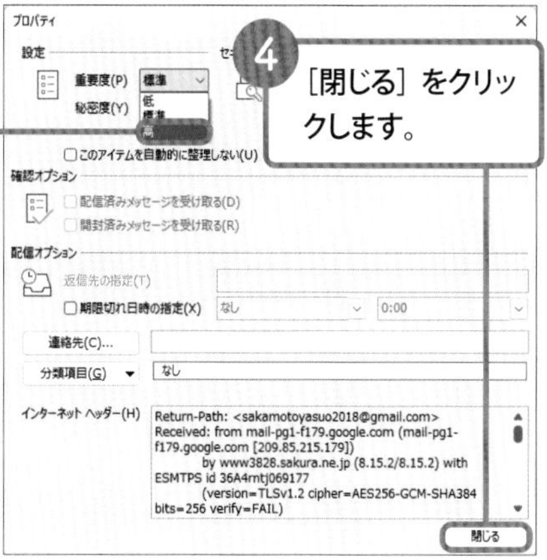

6 重要度が設定されたことが確認できます。

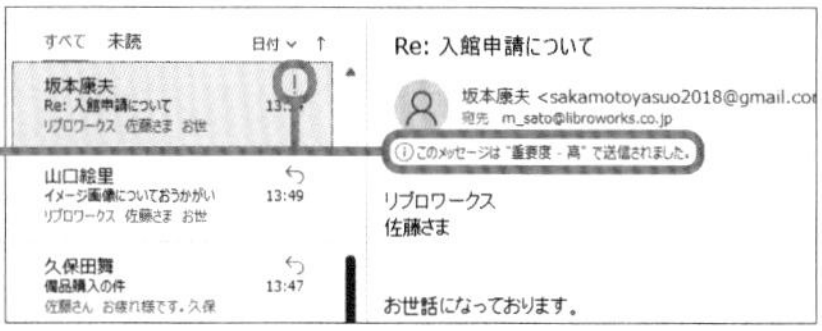

Memo

並べ替えで重要なメールを検索する

メールは重要度で並べ替えることができるので、重要なメールをすばやく検索できます。並べ替えの方法については、72 ページを参照してください。

Section 27

迷惑メールを自動的に振り分けよう

Outlook 2021では、迷惑メールを自動で［迷惑メール］フォルダーに振り分ける機能を備えています。コンピューターウイルスの感染やネット詐欺などの危険性があるので、取り扱いには十分に注意しましょう。

1 迷惑メールの処理レベルを設定しよう

1 ［ホーム］タブをクリックし、

2 ［その他のコマンド］ ··· をクリックして、

3 ［迷惑メール］にマウスポインターを合わせ、

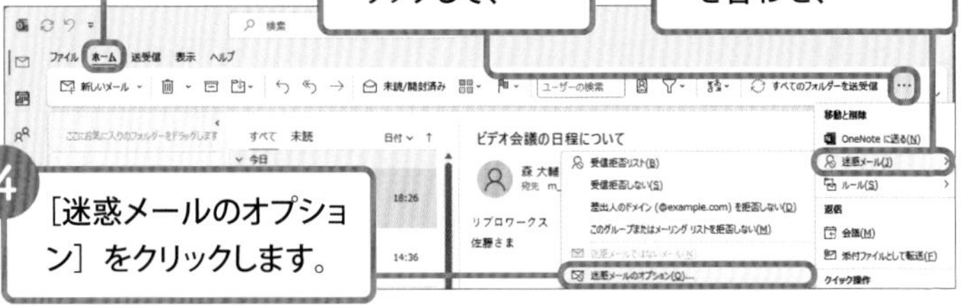

4 ［迷惑メールのオプション］をクリックします。

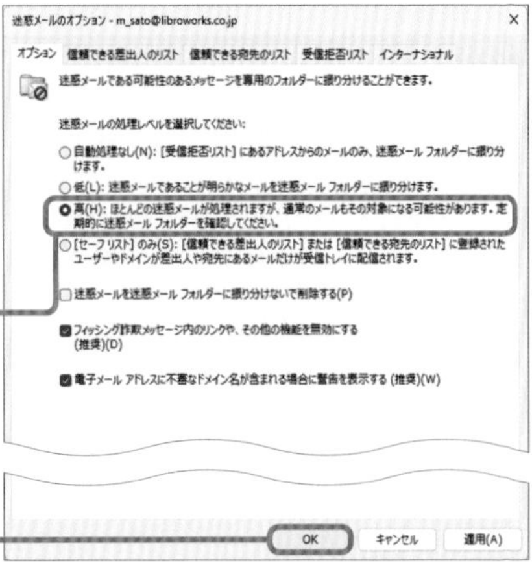

5 迷惑メールの処理レベルを選択し、

6 ［OK］をクリックします。

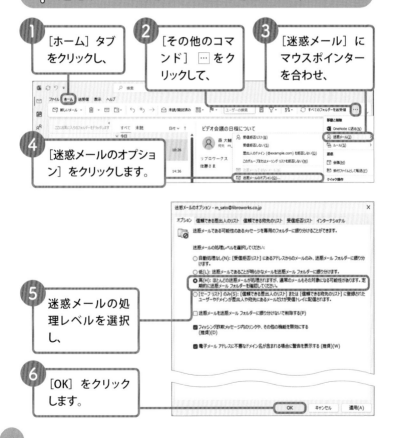

2 迷惑メールを［受信拒否リスト］に入れよう

［受信トレイ］を表示しています。

1 迷惑メールをクリックします。

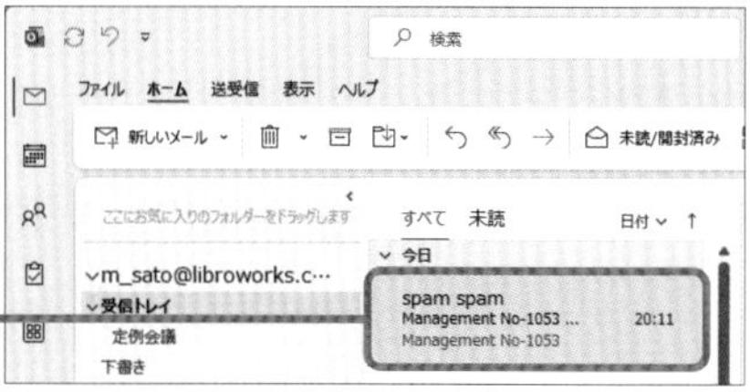

2 ［ホーム］タブをクリックし、

3 ［その他のコマンド］ ··· をクリックして、

4 ［迷惑メール］にマウスポインターを合わせ、

5 ［受信拒否リスト］をクリックします。

6 ［OK］をクリックします。

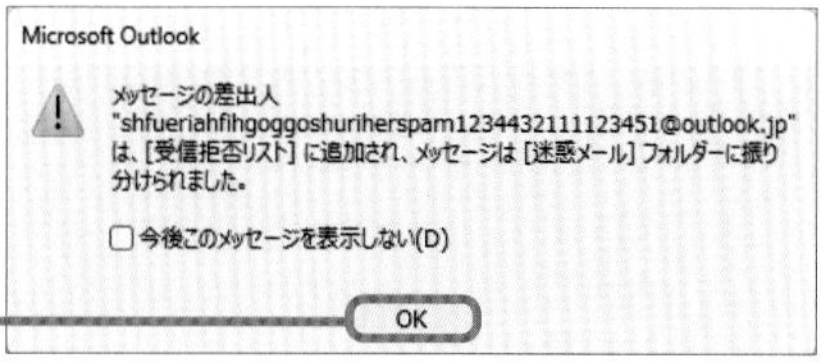

Memo

迷惑メールの処理レベル

Outlook 2021 の初期設定では、迷惑メールの処理レベルが「自動処理なし」になっています。そのため、迷惑メールが「受信トレイ」に表示されてしまいます。ふだん、迷惑メールが多くない場合は「低」を、迷惑メールが多い場合は「高」を選択するとよいでしょう。また、信頼できる相手からのみ受け取る、「［セーフリスト］のみ」も選択できます。

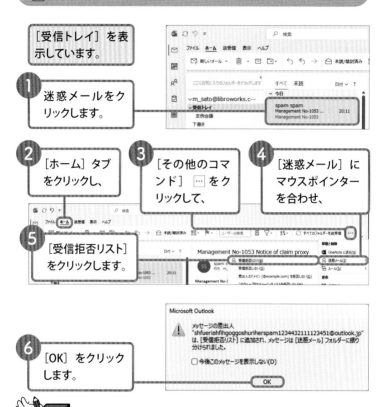

Section 28

同じ案件のメールはスレッドでまとめて確認しよう

同じ件名のメールを1つにまとめて階層表示する機能を「スレッドビュー」といいます。スレッドビューでは、送受信したメールが一覧表示されるため、これまでのやり取りをひと目で把握できます。

1 スレッドビューを表示させよう

1 ［受信トレイ］を表示して［表示］タブをクリックし、

2 ［現在のビュー］をクリックして、

3 ［スレッドとして表示］をクリックしてオンにします。

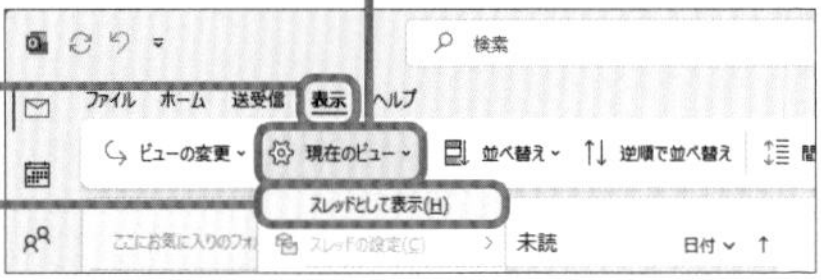

4 ［すべてのメールボックス］をクリックします。

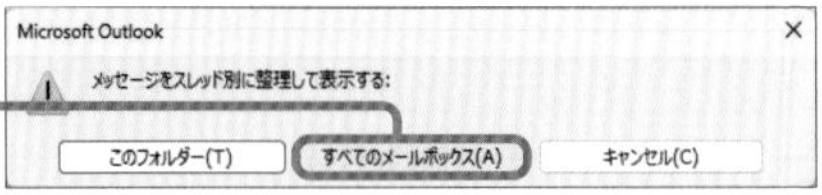

5 このアイコンをクリックすると、

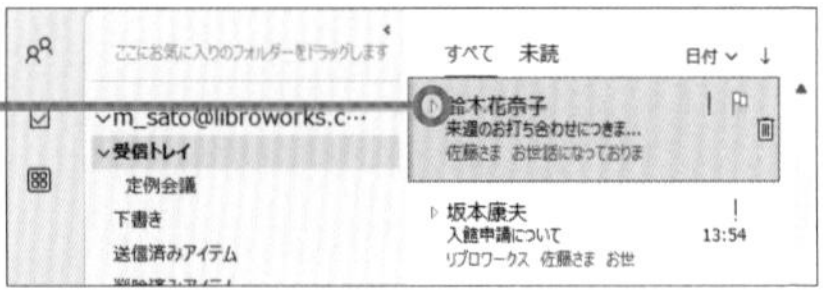

Memo

スレッド表示できるビュー

スレッド表示は、メールを［日付］で並べ替えていないとメニューから選択できません（73ページ参照）。

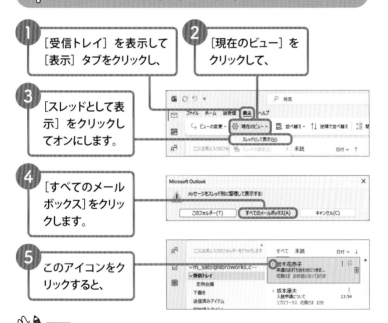

6 スレッドビューが展開されます。

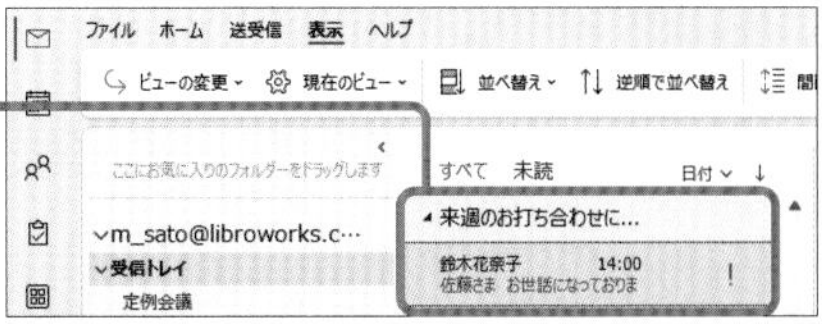

2 スレッドを常に展開しておこう

1 ［表示］タブをクリックし、

2 ［現在のビュー］をクリックして、

3 ［スレッドの設定］にマウスポインターを合わせ、

4 ［選択された会話を常に展開］をクリックしてオンにします。

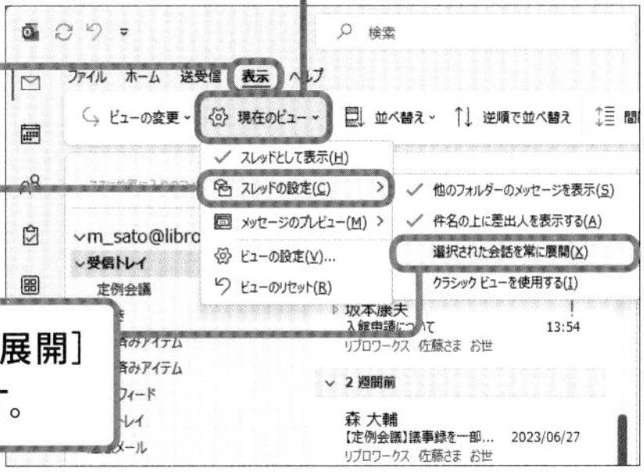

5 スレッドをクリックすると、

6 スレッドビューが自動的に展開されます。

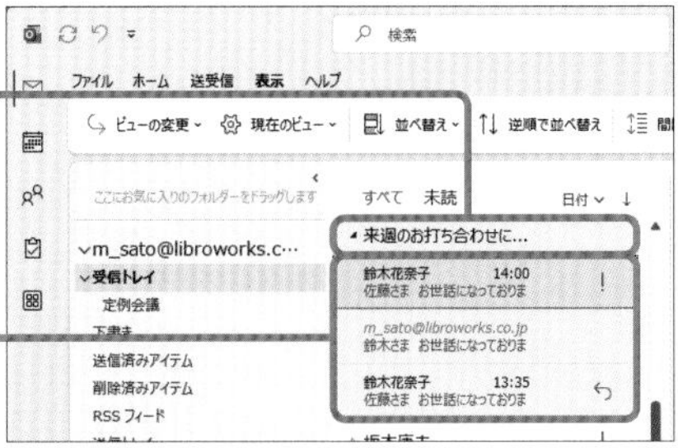

Memo

スレッドビューの解除

スレッドビューを解除するには、前ページ手順❸と同様の操作で、［スレッドとして表示］をクリックしてオフにします。

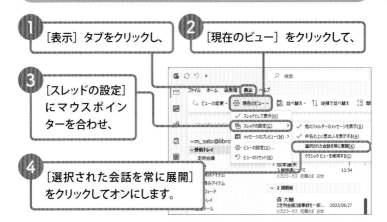

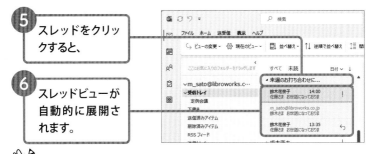

Section

29 受信したメールを自動で転送しよう

Outlook 2021 では、［仕分けルールの作成］から特定のメールをスマートフォンなどのメールアドレス宛てに自動転送できます。外出先などでメールを確認したいときに役立ちます。

1 仕分けルールを使って自動転送しよう

件名に「至急」と含まれるメールを自動的にスマートフォンのメールアドレス宛てに転送するように設定します。

1 ⋯をクリックし、

2 ［ルール］にマウスポインターを合わせて、

3 ［仕分けルールの作成］をクリックします。

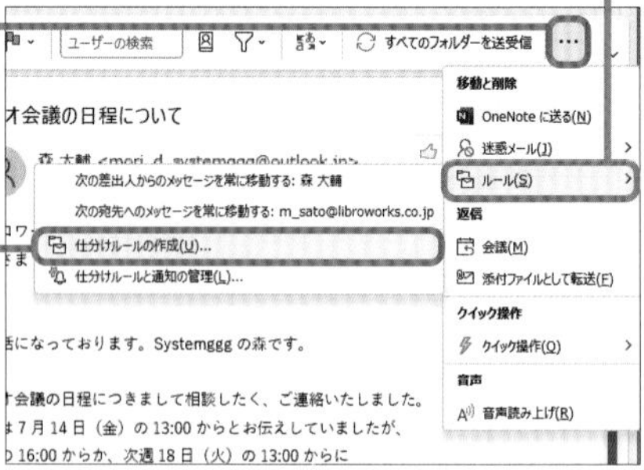

4 ［件名が次の文字を含む場合］をクリックしてオンにして、

5 「至急」と入力し、

6 ［詳細オプション］をクリックします。

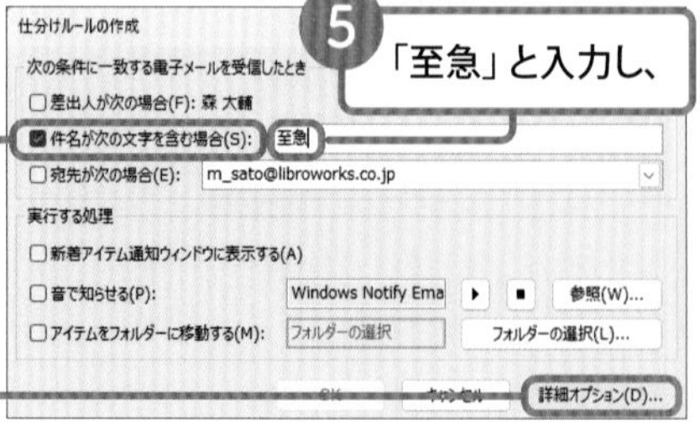

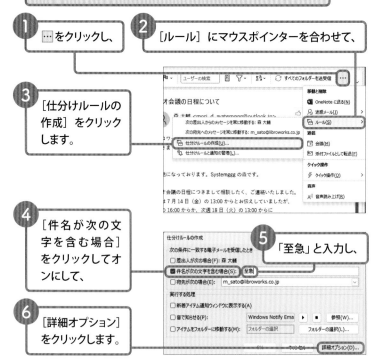

7 ［次へ］をクリックします。

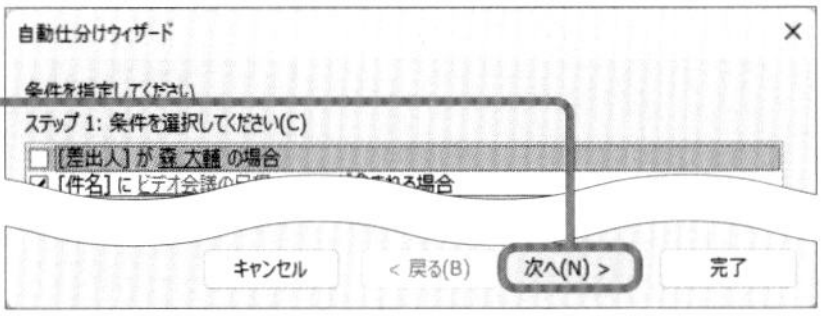

8 ［名前 / パブリックグループへ転送する］をクリックしてオンにし、

9 ［名前 / パブリックグループ］をクリックします。

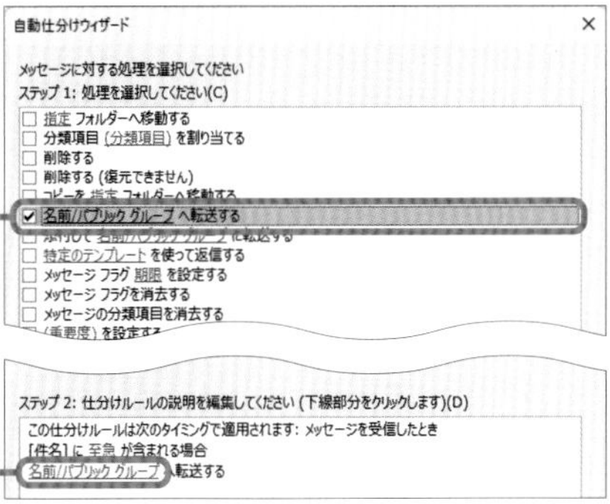

10 名前を選択して、

11 ［宛先］をクリックすると、

12 メールアドレスが表示されます。

13 ［OK］をクリックします。

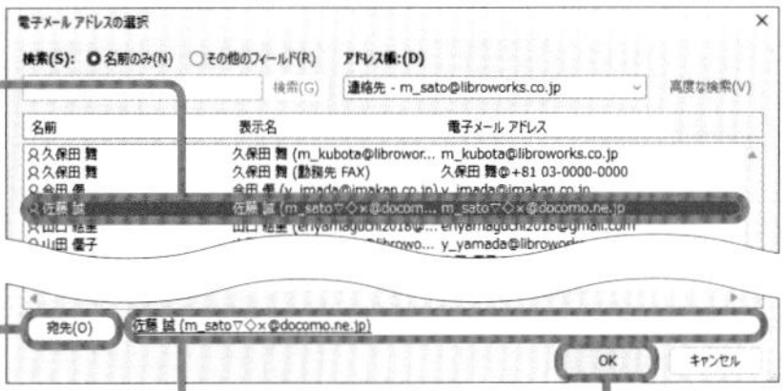

14 続いて［完了］をクリックすると、仕分けルールが作成されます。

Memo

自動転送する際の注意

受信したメールを自動転送するには、パソコンおよび Outlook 2021 が起動していて、さらに自動送受信が設定されている必要があります（92 ページ参照）。

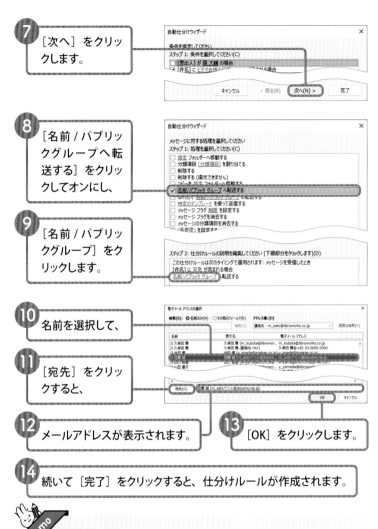

Section 30

クリーンアップでフォルダーを整理しよう

スレッドでやり取りしたメールの多くは、以前のメールの内容が引用されているため、過去のメールが不要になることがあります。フォルダーのクリーンアップを行うと、スレッドの最後のメール以外を削除できます。

1 フォルダー内の不要なメールをまとめて削除しよう

1 ［ホーム］タブをクリックし、

2 ∨をクリックして、

3 ［フォルダーのクリーンアップ］をクリックします。

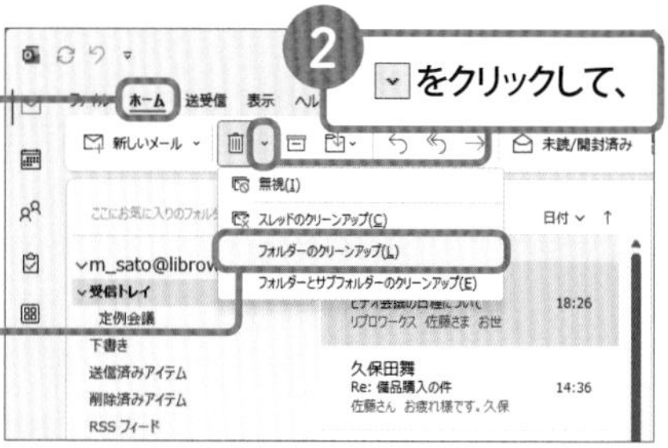

4 ［フォルダーのクリーンアップ］をクリックすると、

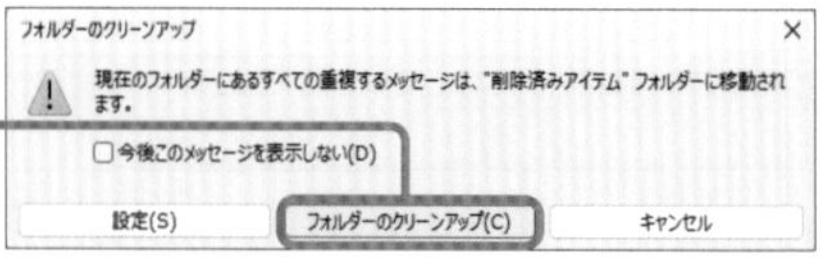

5 重複したメールがまとめて削除されます。

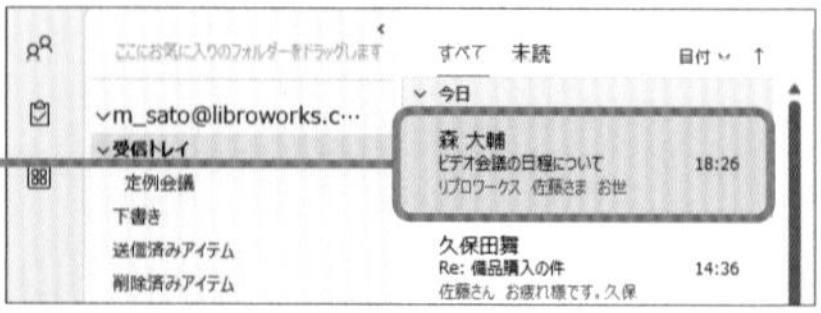

Hint

クリーンアップで削除したメールの移動先

削除したメールは［削除済みアイテム］フォルダーに移動します。

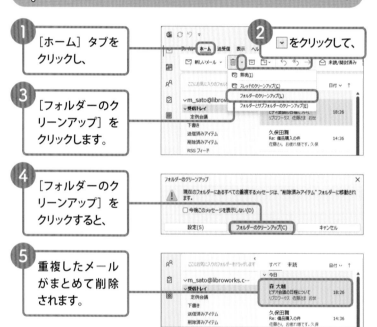

2 削除済みメールをまとめて削除しよう

1 ［ファイル］タブをクリックし、Backstage ビューを表示します。

2 ［ツール］をクリックして、

3 ［削除済みアイテムフォルダーを空にする］をクリックします。

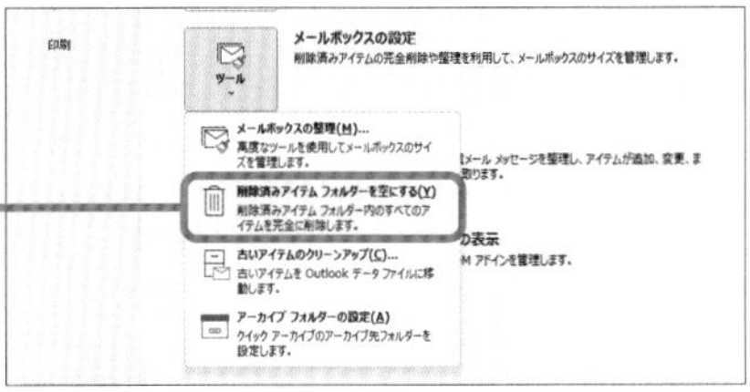

4 ［はい］をクリックすると、削除済みメールが完全に削除されます。

Stepup

［削除済みアイテム］を自動的に空にする

［削除済みアイテム］の中身は、自動的に削除するよう設定できます。［Outlook のオプション］ダイアログボックスで［詳細設定］→［Outlook の終了時に、削除済みアイテムフォルダーを空にする］をクリックしてオンにします。

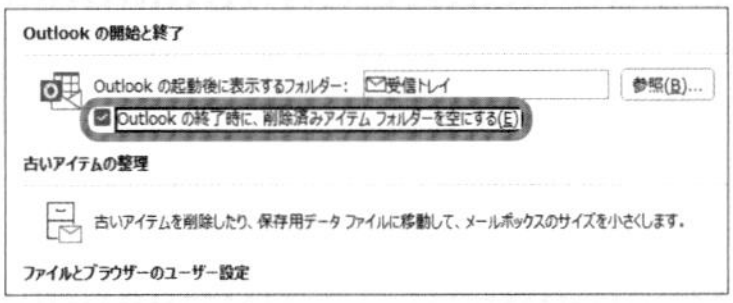

Section
31 自動保存の間隔を短めに設定しよう

Outlook 2021 では、初期設定では作成したメールは自動的に保存されます。自動保存の間隔を短めの時間に設定すれば、常に最新の状態でメッセージを保存しておくことができて便利です。

1 自動保存の時間を設定しよう

1 ［ファイル］タブをクリックし、Backstage ビューを表示します。

2 ［オプション］をクリックして、

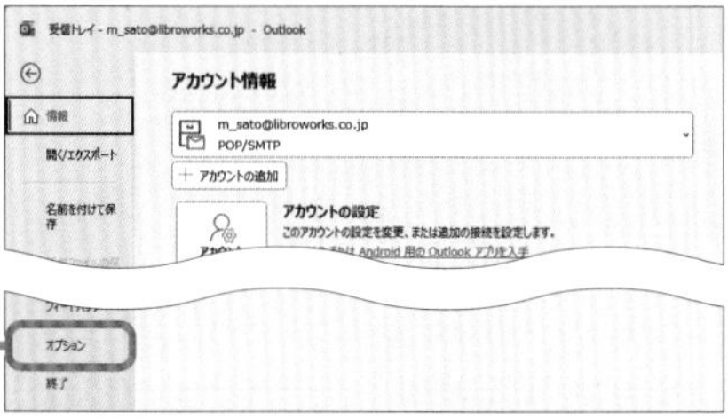

3 ［Outlook のオプション］ダイアログボックスを表示します。

4 ［メール］をクリックし、

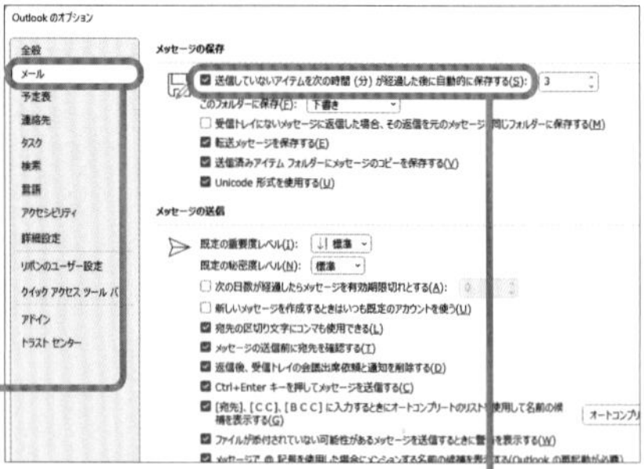

5 ［送信していないアイテムを次の時間（分）が経過した後に自動的に保存する］をクリックしてオンにします。

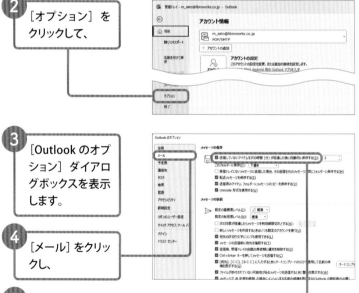

6 自動保存する間隔（ここでは１分）を入力して、

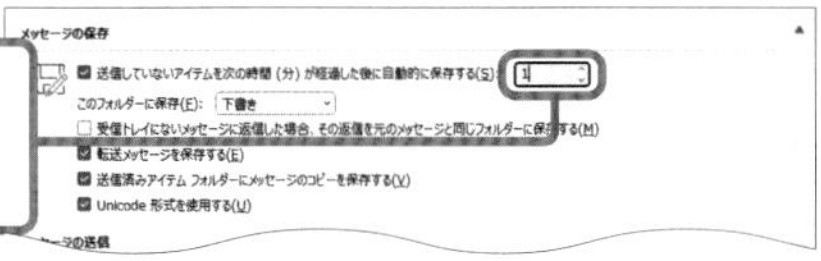

7 ［OK］をクリックします。

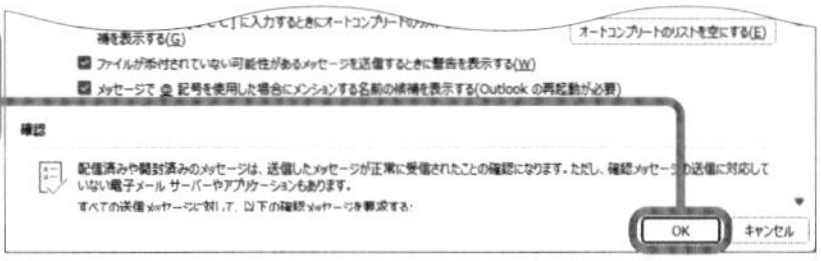

8 メールを作成すると、指定した間隔で、メールが［下書き］フォルダーに自動保存されるようになります。

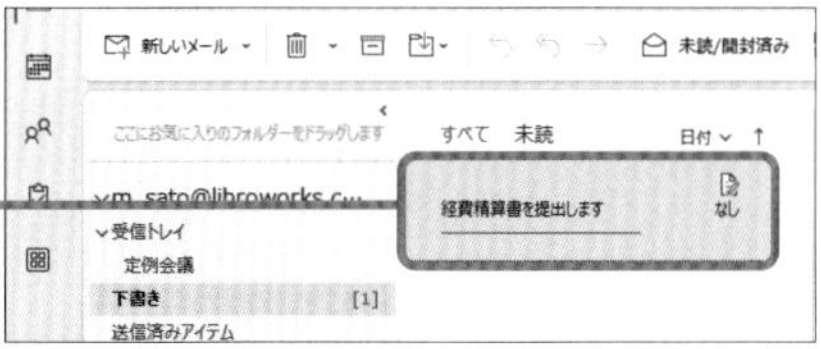

Hint

自動保存の間隔の設定

手順❻の値は、初期設定では３（３分）に設定されています。この値は１～99の範囲で変更できます。最も早く自動保存したい場合は、値を「1」に設定しましょう。

Stepup

メールの自動保存をオフにする

メールを自動で保存させたくない場合は、前ページ手順❺で［送信していないアイテムを次の時間（分）が経過した後に自動的に保存する］をクリックしてオフにするか、手順❻で「0」を入力します。なお、自動保存をオフにしても、作成または変更した［メッセージ］ウィンドウの［閉じる］×→［はい］をクリックすれば、手動でメッセージを［下書き］フォルダーに保存できます。

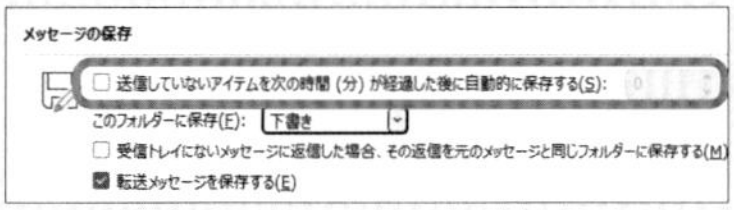

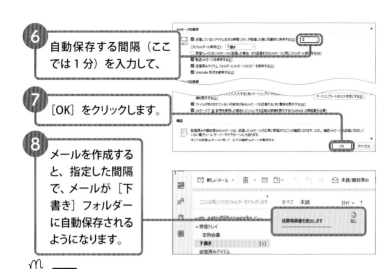

Section 32

自動送受信の間隔を短めに設定しよう

メールは、10 分おき、30 分おきなど、一定の時間ごとに自動で送受信することができます。初期設定では、30 分おきに自動で送受信するよう設定されています。

1 自動送受信の間隔を設定しよう

1 ［Outlook のオプション］ダイアログボックスを表示します。

2 ［詳細設定］をクリックし、

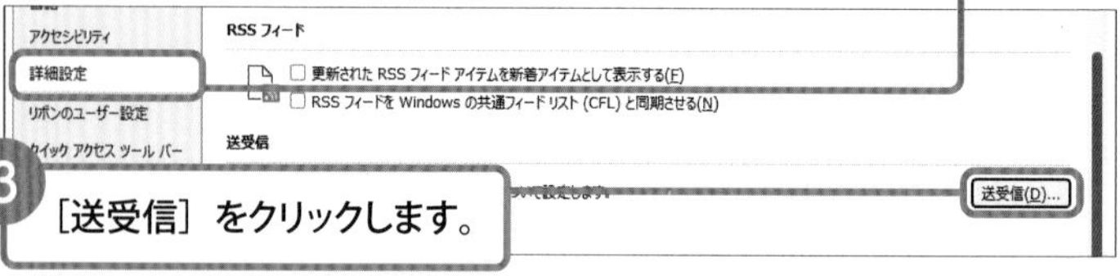

3 ［送受信］をクリックします。

4 ［次の時間ごとに自動的に送受信を実行する］をクリックしてオンにし、

5 送受信の間隔を変更します（ここでは 10 分）。

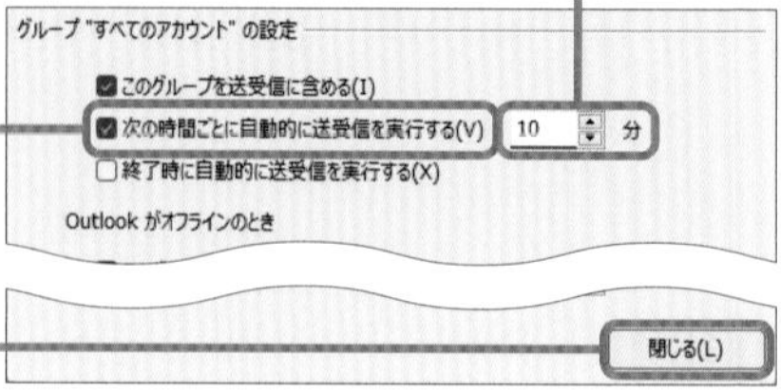

6 ［閉じる］をクリックし、

7 ［OK］をクリックすると、設定が保存されます。

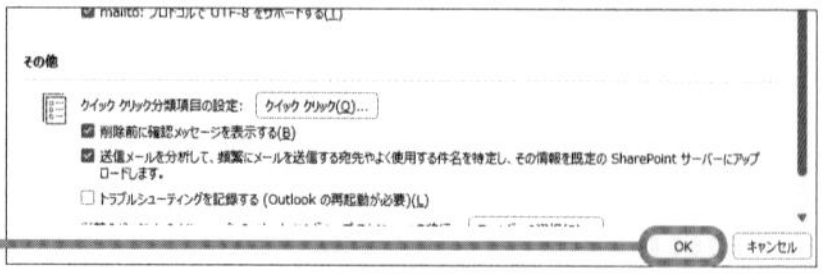

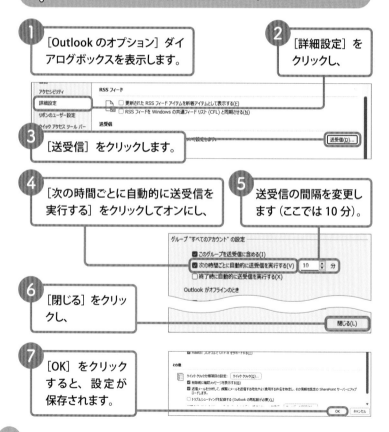

Chapter

4

連絡先を使いこなそう

Section

33 連絡先を登録／編集しよう

34 連絡先を受信メールから登録しよう

35 グループ登録した連絡先に一括でメールを送ろう

36 連絡先の情報をメールで送信しよう

37 連絡先の情報を削除／整理しよう

38 Teamsと連絡先を同期して円滑に連絡を取ろう

39 連絡先をエクスポート／インポートしよう

Section

33 連絡先を登録／編集しよう

連絡先には、相手の名前や住所、電話番号、メールアドレスなどの情報を登録できます。勤務先の情報も登録できるので、ビジネス用途で Outlook 2021 を利用する場合にも便利です。

1 新しい連絡先を登録しよう

1 ［ホーム］タブをクリックして、

2 ［新しい連絡先］をクリックします。

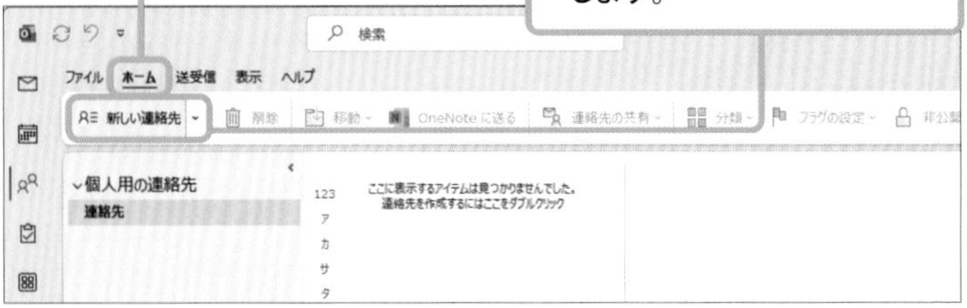

3 ［連絡先］ウィンドウが表示されます。

4 ［姓］と［名］を入力します。

［フリガナ］と［表題］が自動的に登録されます。

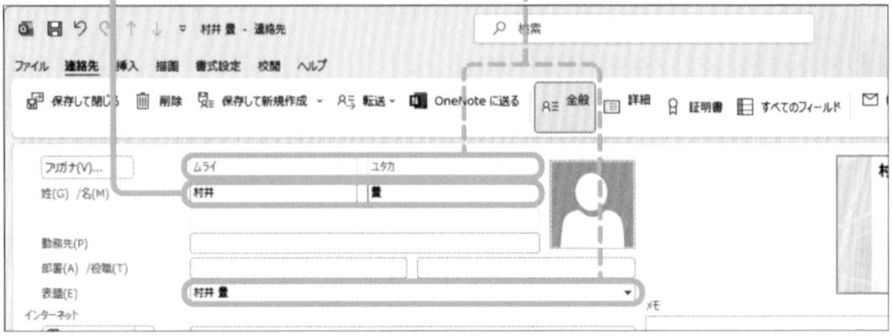

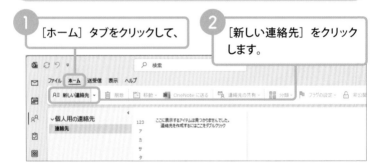

5 ［勤務先］を入力し、

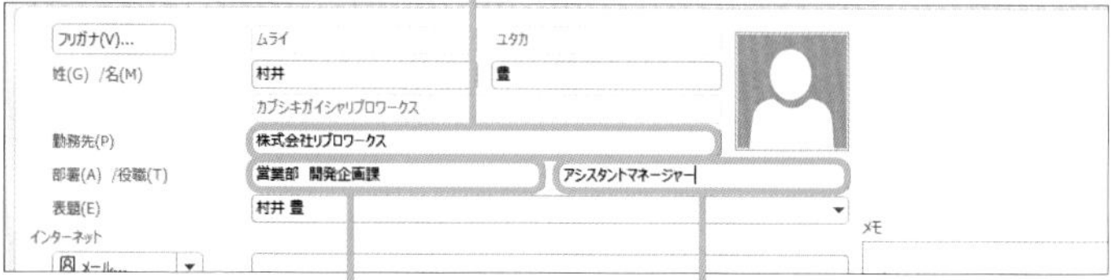

6 ［部署］を入力して、

7 ［役職］を入力します。

8 ［メール］にメールアドレスを入力し、

9 ［表示名］をクリックすると、メールの［宛先］に表示される「表示名」が自動的に入力されます。

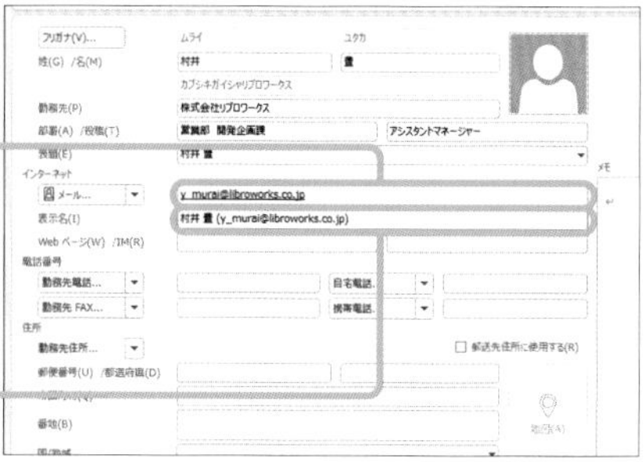

10 勤務先や自宅の電話番号／FAX番号を入力して、

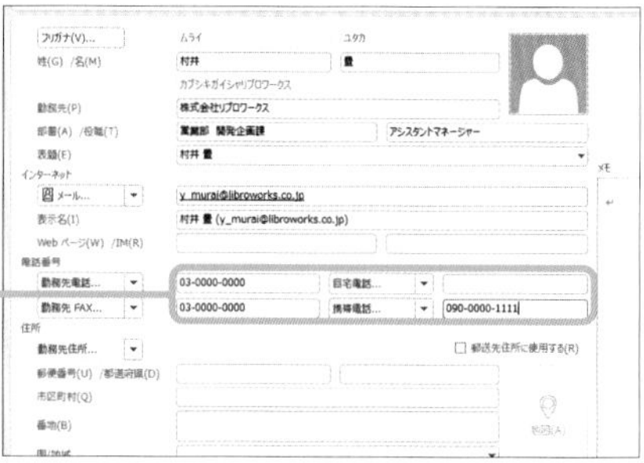

Memo

フリガナの修正

姓名と勤務先のフリガナは自動的に登録されますが、正しくない場合は［フリガナ］をクリックすると修正できます。

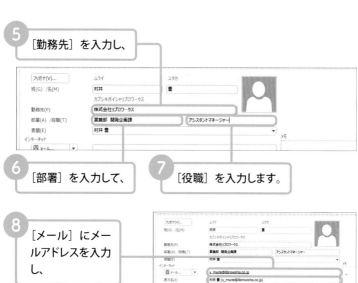

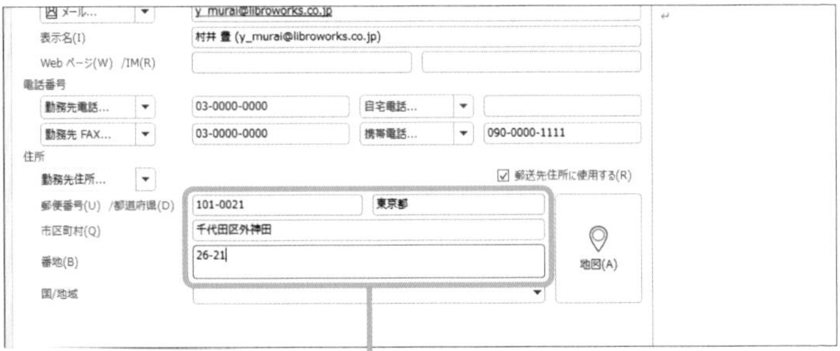

11 ［郵便番号］と［都道府県］［市区町村］［番地］を入力し、

12 ［国 / 地域］のボックスの右端をクリックして、

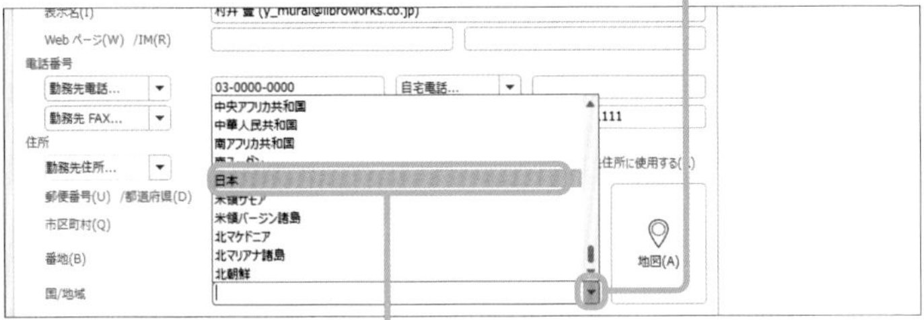

13 表示される一覧から［日本］を選択します。

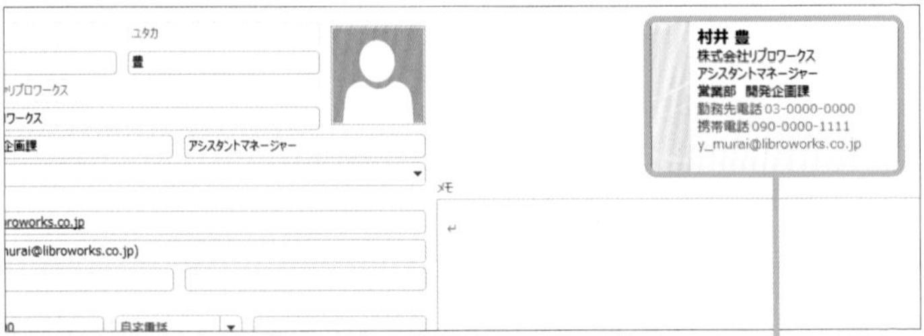

14 入力した内容が表示されているので確認し、

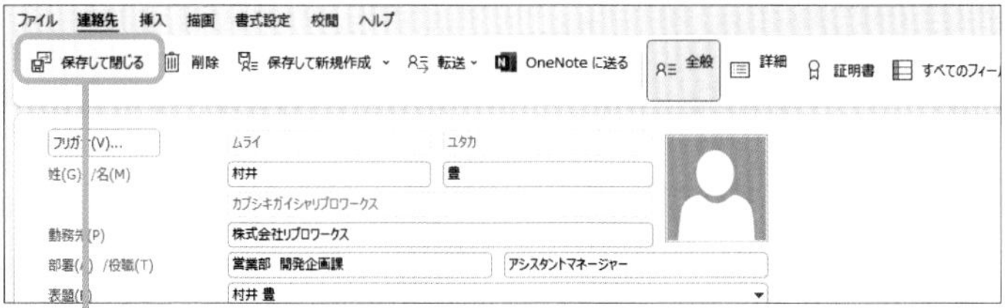

15 ［保存して閉じる］をクリックすると、

16 登録した連絡先が［ビュー］に表示されます。

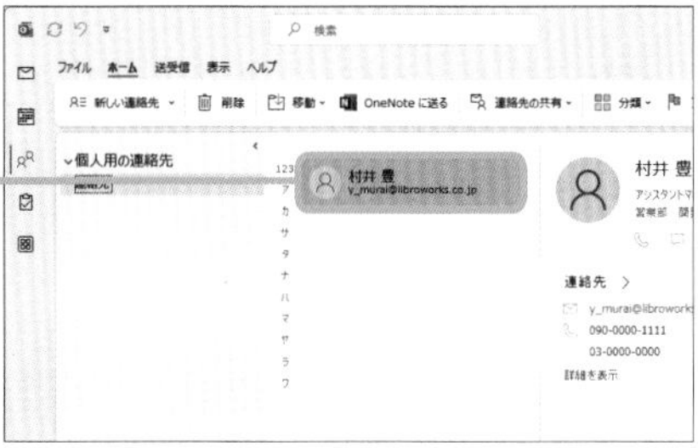

同じ勤務先を登録する

新規に登録する人の勤務先が登録済みの人と同じ場合は、その勤務先情報が入力された状態で新規登録することが可能です。

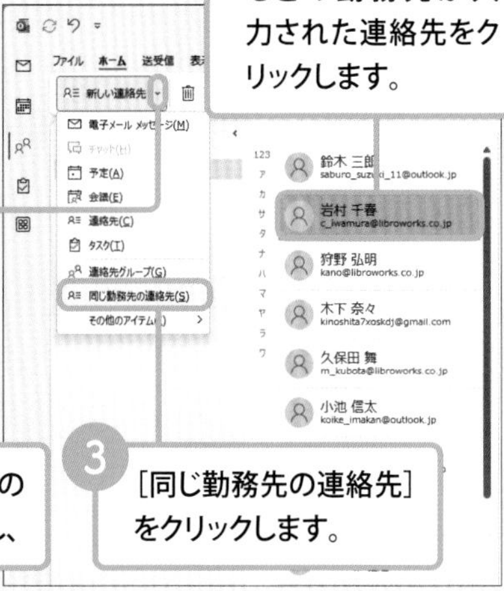

1 もとの勤務先が入力された連絡先をクリックします。

2 ［新しい連絡先］の横の⌄をクリックし、

3 ［同じ勤務先の連絡先］をクリックします。

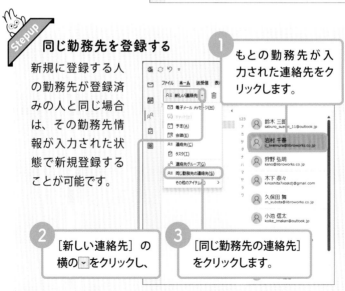

2 登録済みの連絡先を編集しよう

登録した連絡先の情報を一部修正します。

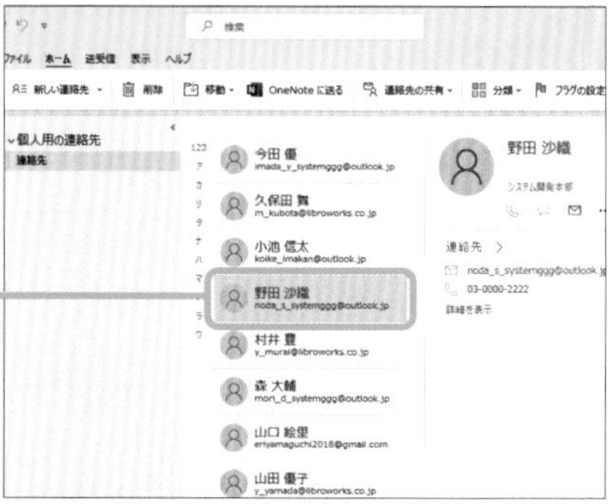

1 編集したい連絡先をダブルクリックします。

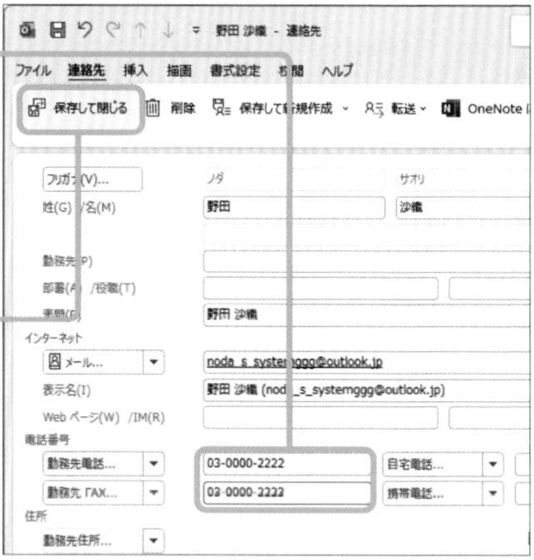

2 ［連絡先］ウィンドウで連絡先の情報を書き換えて、

3 ［保存して閉じる］をクリックし、

Memo

［連絡先］ビュー以外の編集画面

ビューを［連絡先］以外にしている場合も、連絡先をダブルクリックすると［連絡先］ウィンドウが表示され、編集することができます。

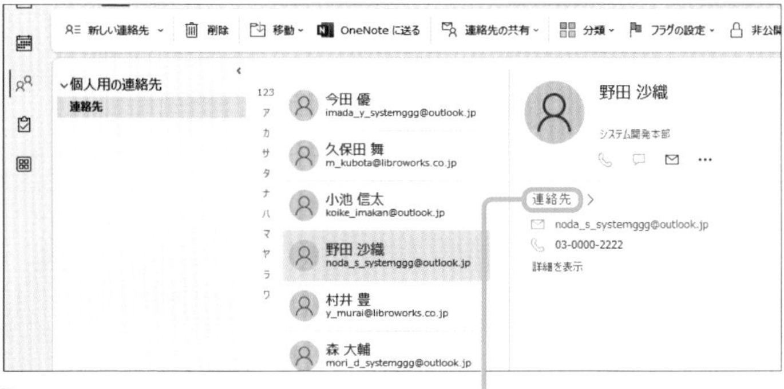

4 ［連絡先］もしくは［詳細を表示］をクリックすると、

5 編集した連絡先が詳細に表示されます。

Hint

閲覧ウィンドウから編集する

閲覧ウィンドウの…をクリックし、［Outlookの連絡先の編集］をクリックすることでも、連絡先の編集が可能です。

Section

34

連絡先を受信メールから登録しよう

メールを受信したら、差出人を連絡先に登録しておきましょう。［メール］の画面を表示した後、受信メールをドラッグ＆ドロップするだけで、差出人の名前とメールアドレスをすばやく登録できます。

1 受信したメールの差出人を連絡先に登録しよう

［メール］の画面を表示します。

1 登録したい差出人のメールをクリックします。

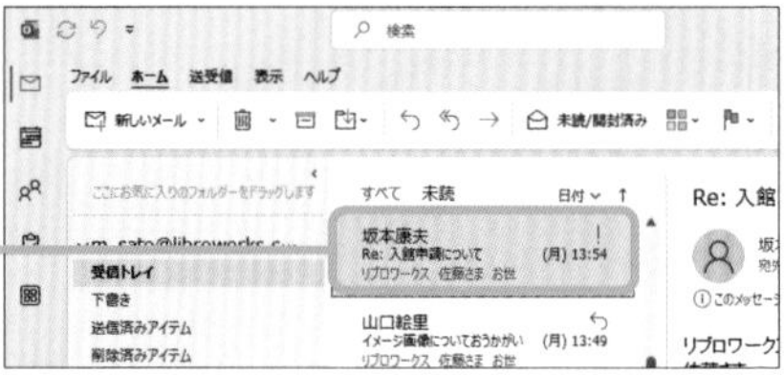

2 ［連絡先］のアイコンにドラッグ＆ドロップすると、

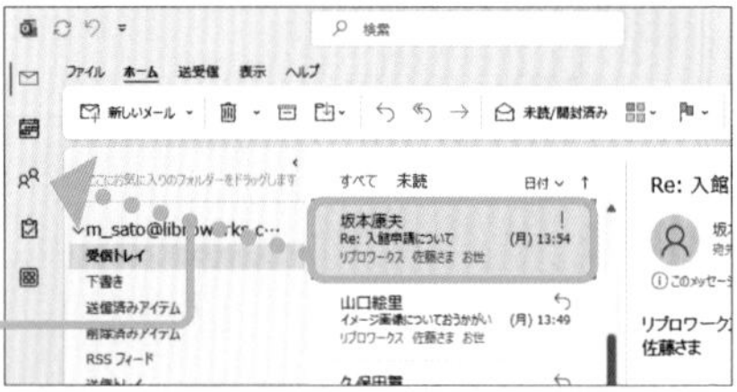

3 ［連絡先］ウィンドウが表示されます。

差出人の名前とメールアドレスが登録されています。

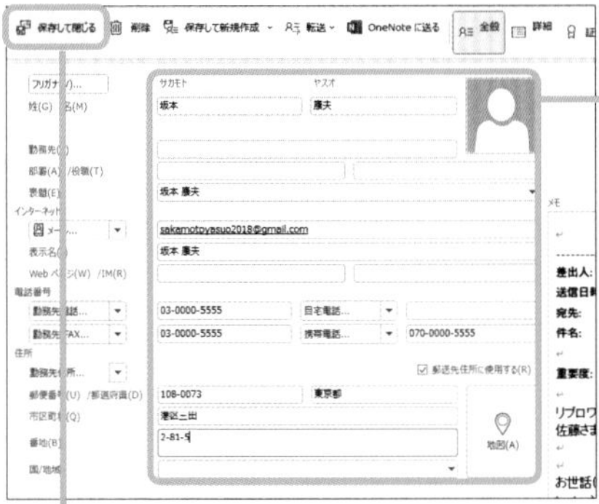

4 必要に応じて情報を修正し、

5 ［保存して閉じる］をクリックします。

6 ［連絡先］の画面を表示すると、

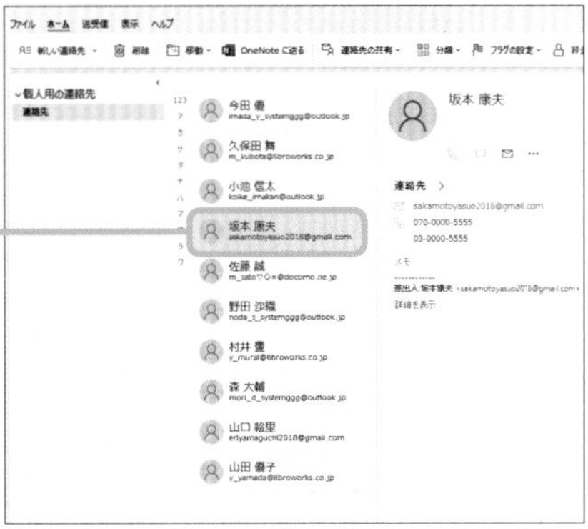

7 連絡先が登録されていることを確認できます。

Memo

姓名が分離していない場合

受信したメールによっては、手順3の画面のように姓と名が一緒になって登録されていることがあります。確認のうえ、きちんと修正しておきましょう。なお、フリガナは登録されないので、自分で入力する必要があります。

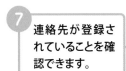

Section

35 グループ登録した連絡先に一括でメールを送ろう

複数の相手を１つのグループにまとめ、一斉にメールを送ることができます。同じ部署あるいは同じサークルなどに対して、まとめてメールを送信したいときに便利です。

1 連絡先グループを作成しよう

1 ［連絡先］の画面で［新しい連絡先］の⌄をクリックし、

2 ［連絡先グループ］をクリックします。

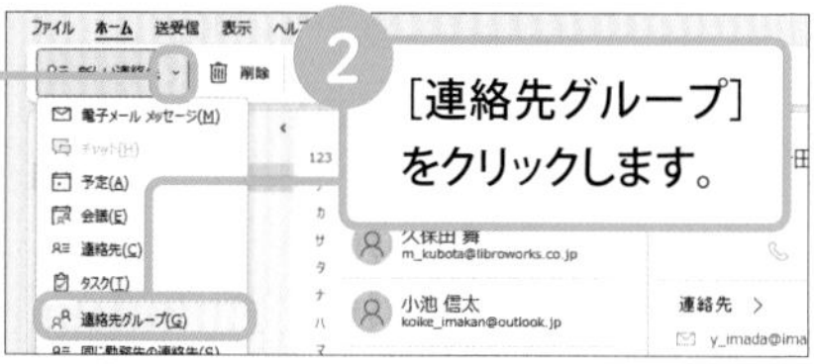

3 グループの名前を入力し、

4 ［メンバーの追加］をクリックして、

5 ［Outlook の連絡先から］をクリックします。

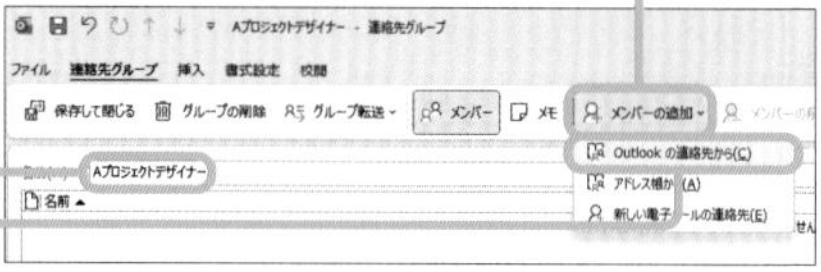

6 グループのメンバーを Ctrl を押しながらクリックして選択し、

7 ［メンバー］をクリックすると、

8 選択したメンバーが表示されます。

9 ［OK］をクリックします。

10 ［保存して閉じる］をクリックします。

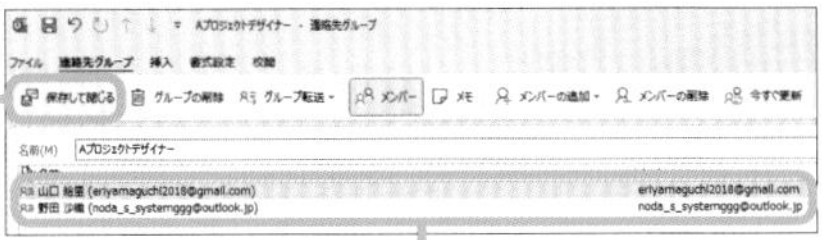

グループのメンバーが表示されます。

11 連絡先グループが作成されます。

2 連絡先グループにメールを送信しよう

1 メールの作成画面で［宛先］をクリックし、

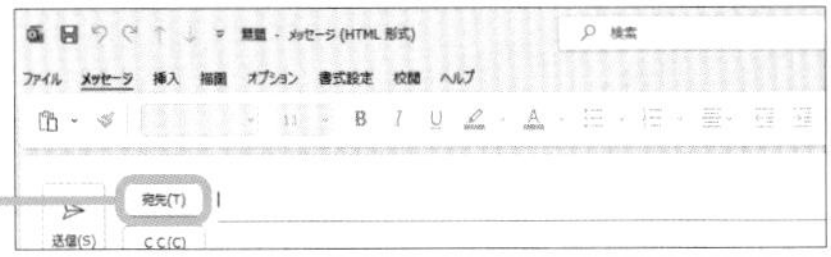

2 連絡先グループをクリックして、

3 ［宛先］をクリックすると、

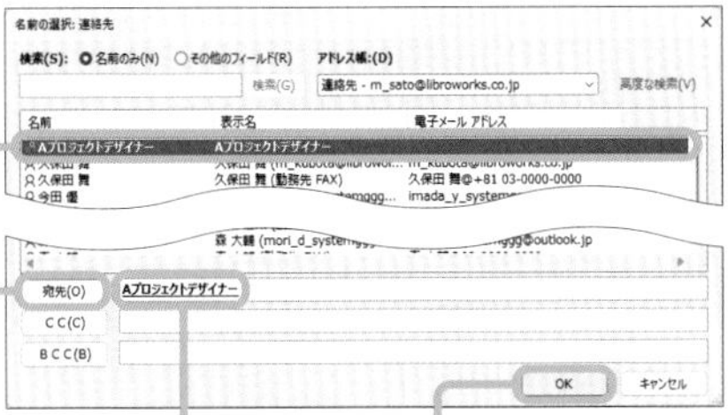

4 連絡先グループが追加されます。

5 ［OK］をクリックします。

自動的に、［宛先］に連絡先グループが入力されます。

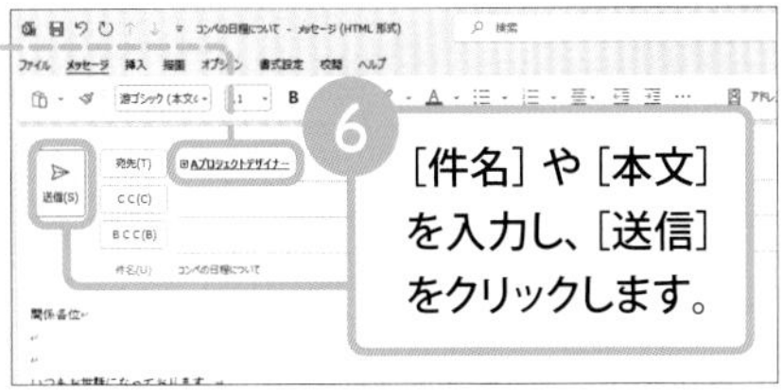

6 ［件名］や［本文］を入力し、［送信］をクリックします。

Section
36 連絡先の情報をメールで送信しよう

連絡先の情報は、ファイル化してメールに添付することができます。形式はOutlook形式と、電子名刺の標準規格フォーマットであるvCard形式から選べます。個人情報を扱うため、送り間違いなどには十分注意しましょう。

1 Outlook形式で連絡先を送信しよう

1 連絡先をクリックします。

2 ［ホーム］タブをクリックし、

3 ［連絡先の共有］をクリックして、

4 ［Outlookの連絡先として送信］をクリックします。

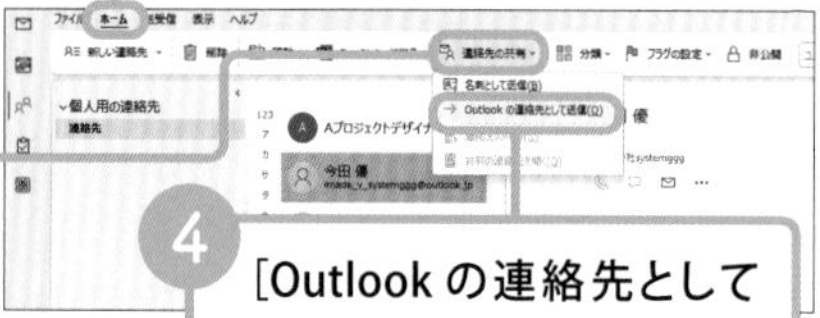

5 メールに連絡先のファイルが添付されています。

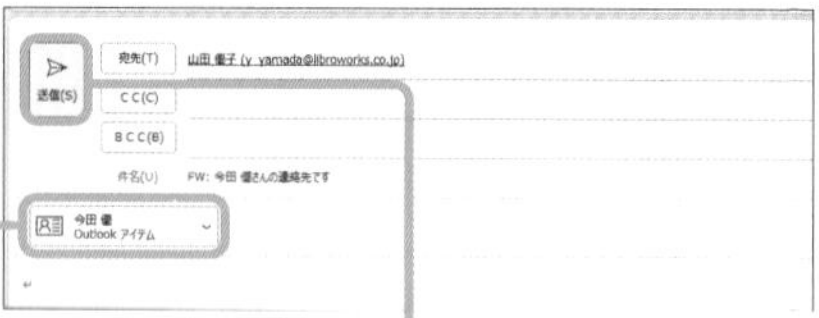

6 宛先と件名、本文を入力し、［送信］をクリックします。

Memo

vCard形式で送信する

vCard形式は電子名刺の標準規格フォーマットです。vCard形式で送信するには、手順4で［名刺として送信］を選択します。

2 受信したOutlook形式の連絡先を登録しよう

1 受信したメールでOutlookの［連絡先］アイコンをダブルクリックすると、

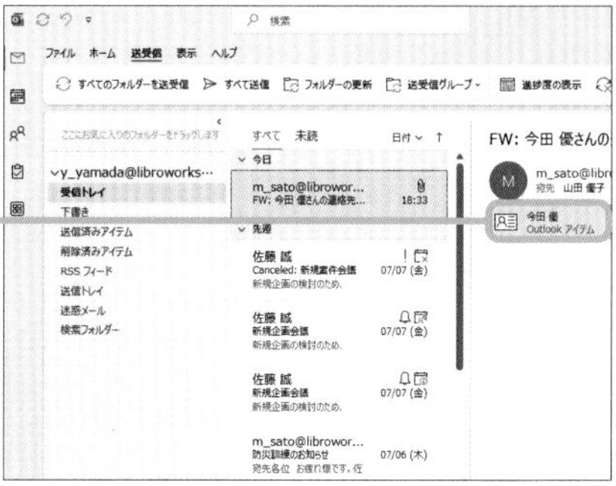

2 ［連絡先］ウィンドウが表示されます。

3 連絡先の情報が表示されるので、必要に応じて修正し、

4 ［保存して閉じる］をクリックします。

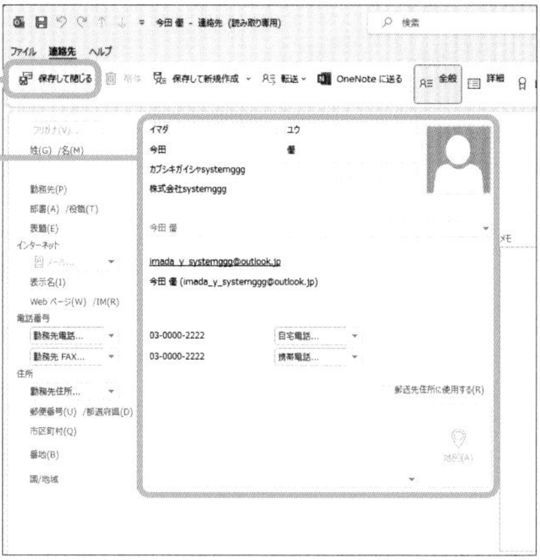

vCard形式の連絡先を登録する場合

vCard形式の連絡先情報も、上の手順と同様に登録できます。ただし、情報が正しく登録されていない場合もあるので、確認して、必要に応じて修正しましょう。

Section
37 連絡先の情報を削除／整理しよう

連絡先の登録数が増えると、検索して探し出すのがたいへんになります。定期的に不要な連絡先を削除したり、連絡先をフォルダーにまとめるなどして整理しましょう。

1 不要な連絡先は削除しよう

1 連絡先をクリックし、

2 ［ホーム］タブをクリックして、

3 ［削除］をクリックすると、

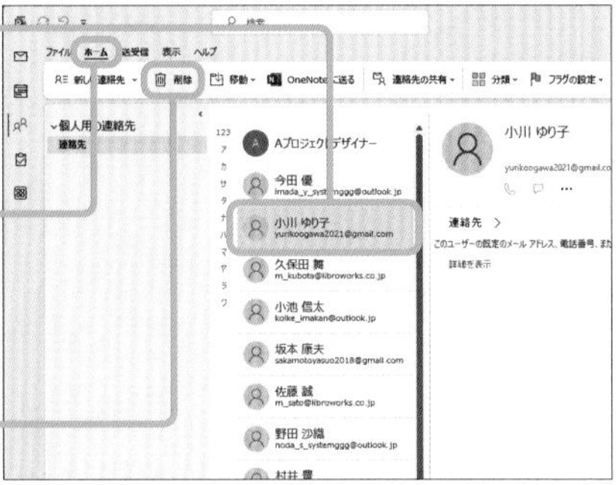

4 連絡先が削除されます。

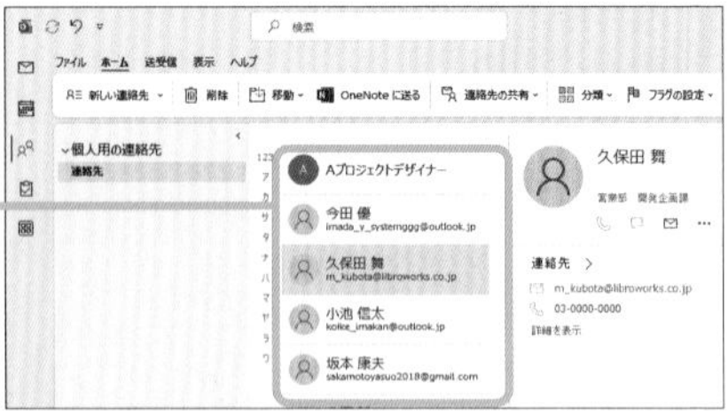

Memo

削除した連絡先

削除した連絡先は、［メール］の［削除済みアイテム］に移動します。メールと同様、元に戻したり、完全に削除したりできます。

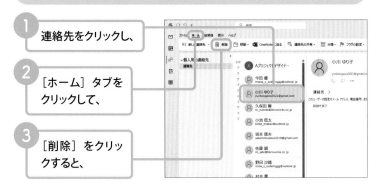

2 連絡先をフォルダーで管理しよう

新しくフォルダーを作成し、連絡先を移動します。

1 [連絡先] を右クリックし、

2 [フォルダーの作成] をクリックします。

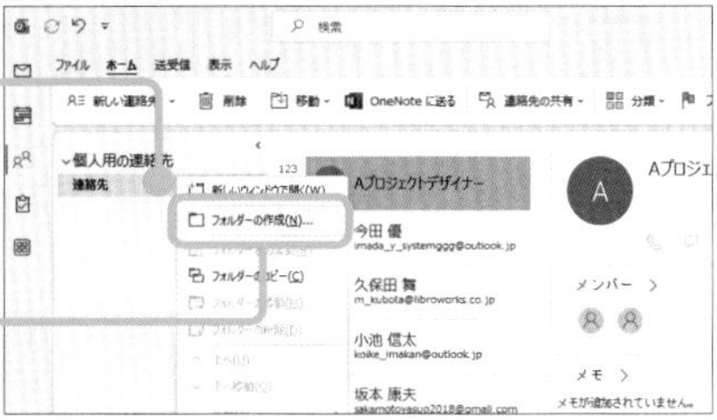

3 [名前] を入力して、

4 [連絡先アイテム] を選択し、

5 [連絡先] をクリックして、

6 [OK] をクリックします。

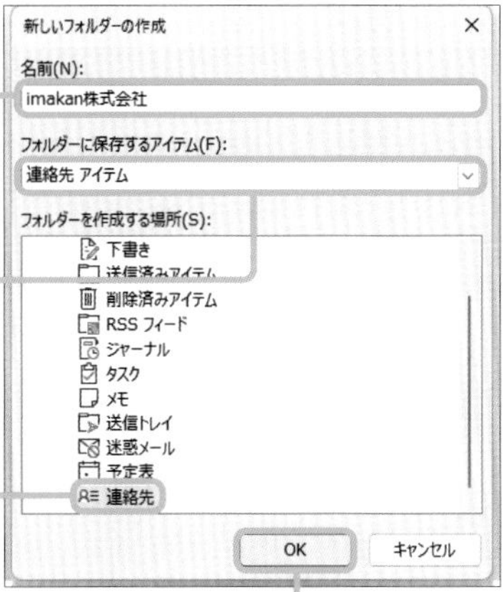

7 フォルダーが作成されるので、

8 連絡先をドラッグして移動します。

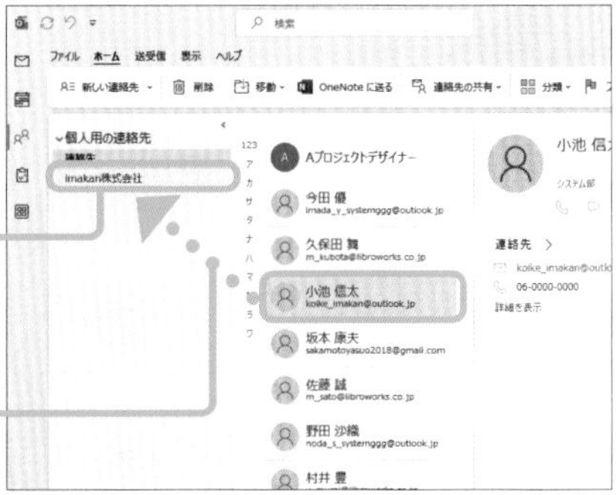

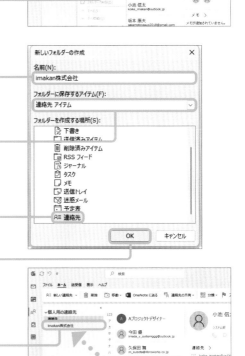

Section
38 Teamsと連絡先を同期して円滑に連絡を取ろう

Outlook 2021 の連絡先に登録しているメールアドレスや電話番号などの情報は、Teams と同期すると Teams でも利用できるようになります。同期後は、Teams で編集して連絡先に反映することも可能です。

1 Teamsでユーザーの設定をしよう

1 Teams を起動し、

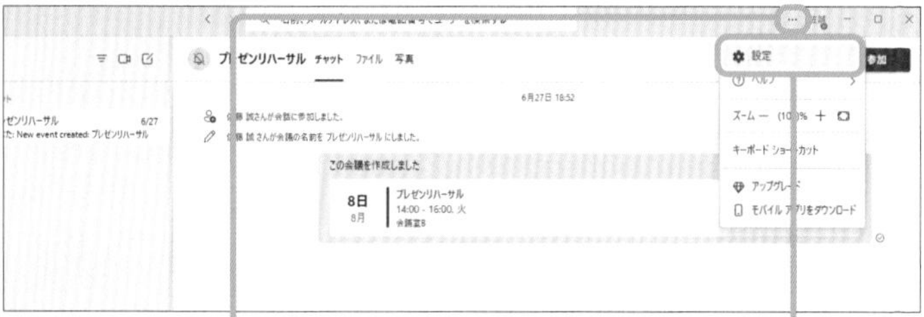

2 [設定など] … をクリックして、

3 [設定] をクリックします。

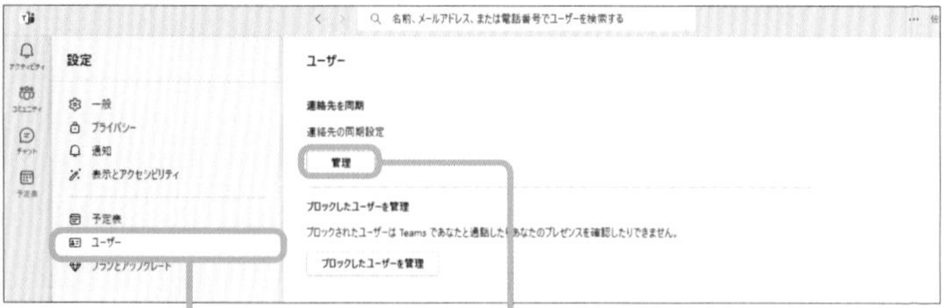

4 [ユーザー] をクリックし、

5 [管理] をクリックします。

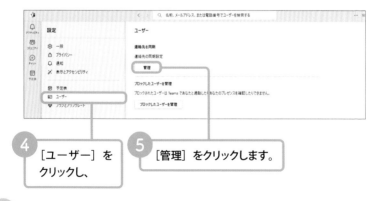

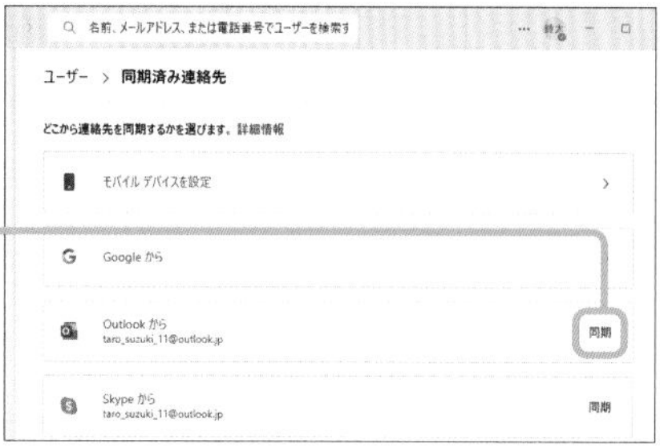

6 「Outlook から」の［同期］をクリックすると、

7 Outlook の連絡先が同期されます。

8 ［チャット］をクリックすると、

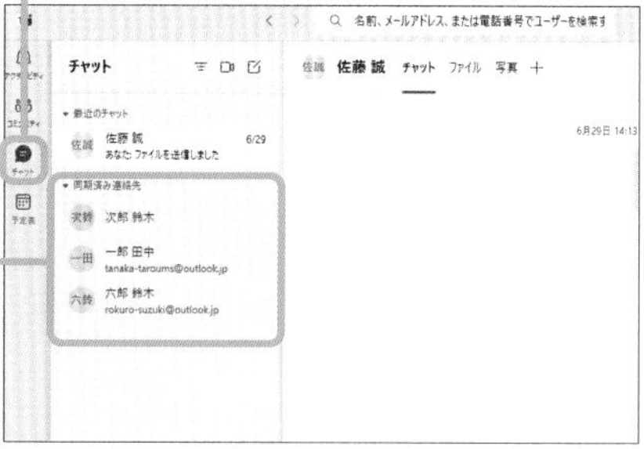

9 ［同期済み連絡先］に、Outlook で保存している連絡先が表示されます。

Memo

Teamsと連絡先の同期を解除する

Teams と連絡先の同期を解除する場合は、手順7の画面で［削除］をクリックします。同期を解除すると、［チャット］画面に表示されていた［同期済み連絡先］の表示も消えます。

Section
39 連絡先をエクスポート／インポートしよう

登録した連絡先は、CSV ファイルとして書き出す（エクスポートする）ことが可能です。エクスポートした CSV ファイルは、ほかのメールソフトで使用したり、バックアップとして活用したりできます。

1 連絡先をファイルにエクスポートしよう

1 ［ファイル］タブをクリックして Backstage ビューを表示します。

2 ［開く/エクスポート］をクリックし、

3 ［インポート / エクスポート］をクリックします。

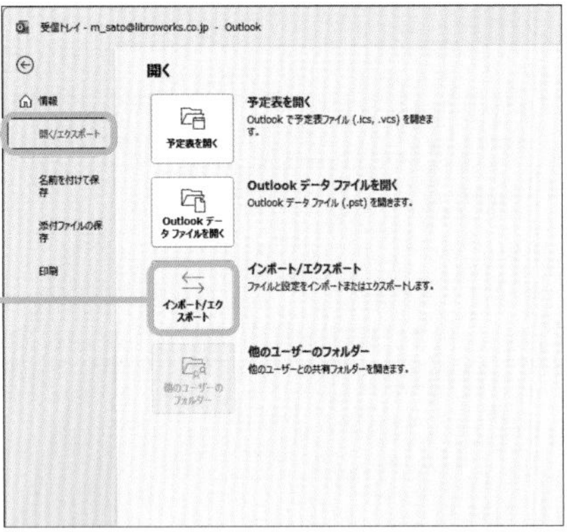

4 ［ファイルにエクスポート］をクリックし、

5 ［次へ］をクリックします。

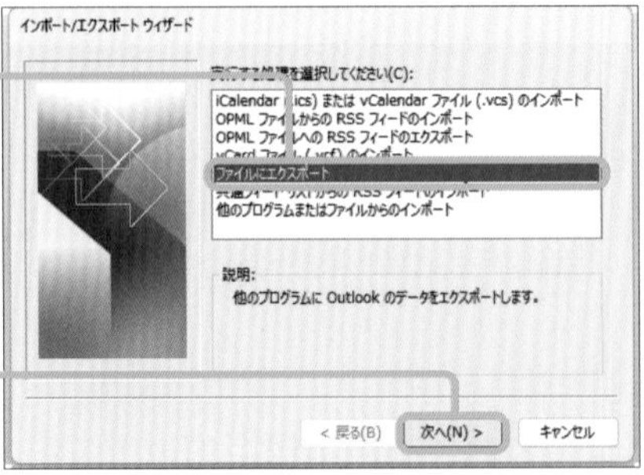

6 ［テキストファイル（コンマ区切り）］をクリックし、

7 ［次へ］をクリックします。

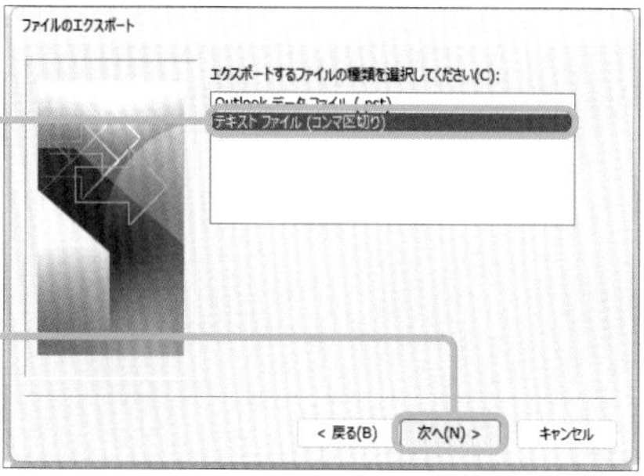

8 エクスポートするフォルダーとして［連絡先］をクリックし、

9 ［次へ］をクリックします。

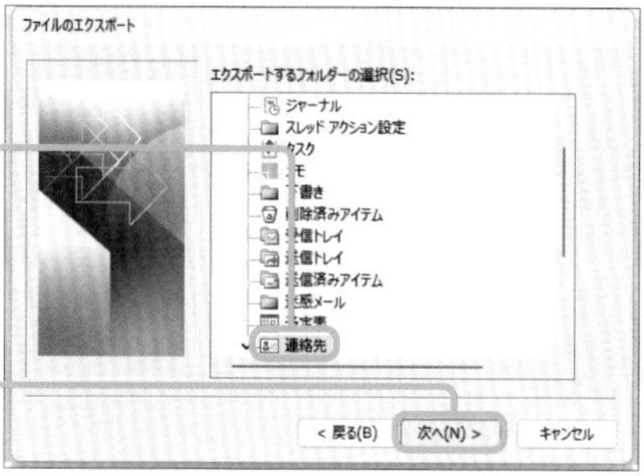

10 ［参照］をクリックし、

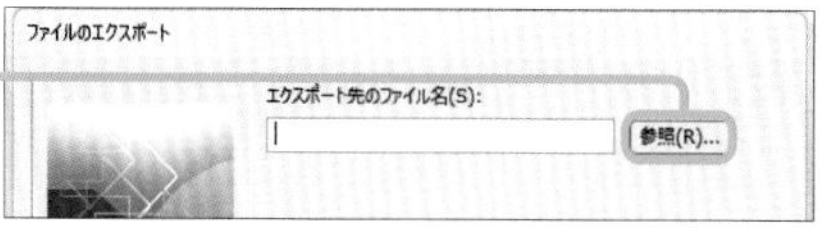

11 保存先（ここではデスクトップ）をクリックし、

12 ファイル名を入力して、

13 ［OK］をクリックします。

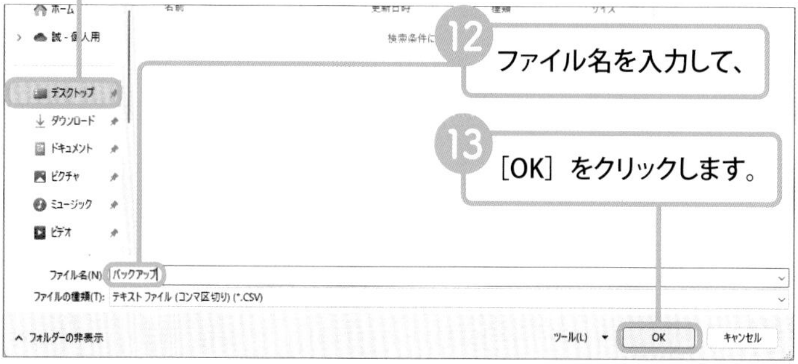

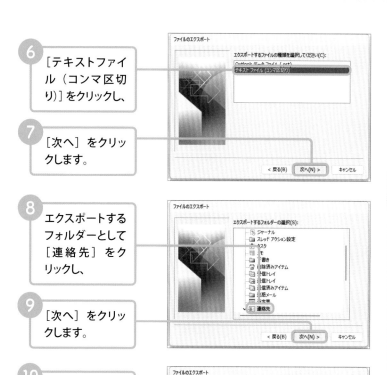

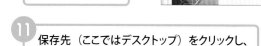

14 ［次へ］をクリックします。

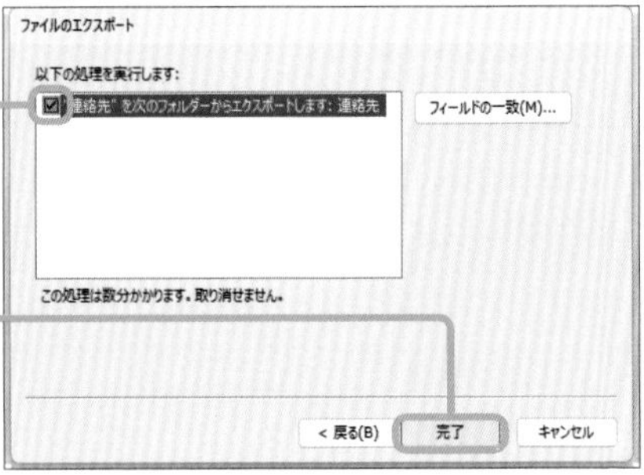

15 ここをクリックしてオンにし、

16 ［完了］をクリックします。

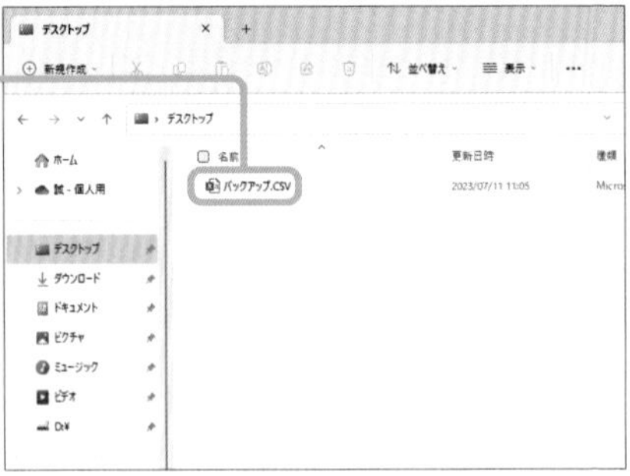

17 前ページの手順⑪で指定した保存先を表示すると、書き出したファイルを確認できます。

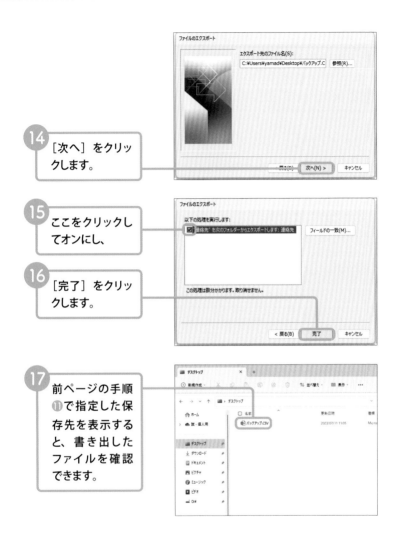

2 ファイルから連絡先をインポートしよう

1 110 ページを参考に、Backstage ビューから、［インポート / エクスポート ウィザード］ダイアログボックスを表示します。

2 ［他のプログラムまたはファイルからのインポート］をクリックし、

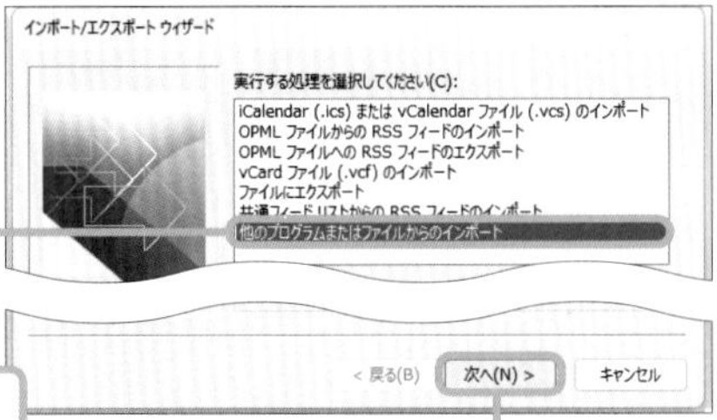

3 ［次へ］をクリックします。

4 ［テキストファイル（コンマ区切り）］をクリックし、

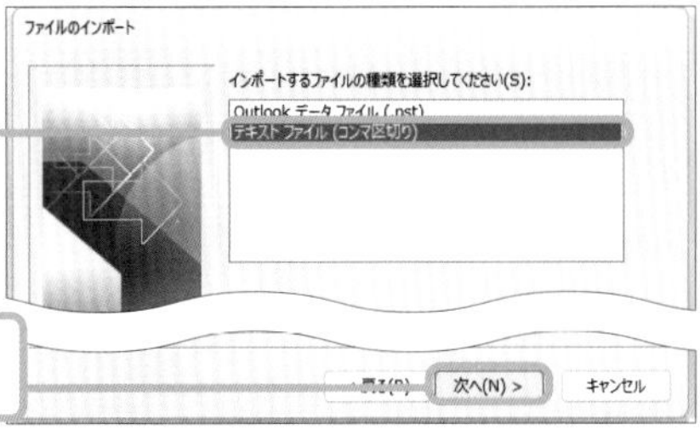

5 ［次へ］をクリックします。

6 ［参照］をクリックし、

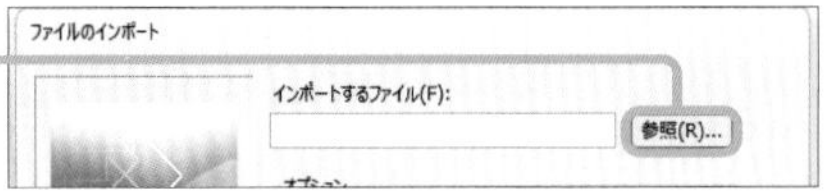

7 ファイルを保存している場所（ここではデスクトップ）をクリックし、

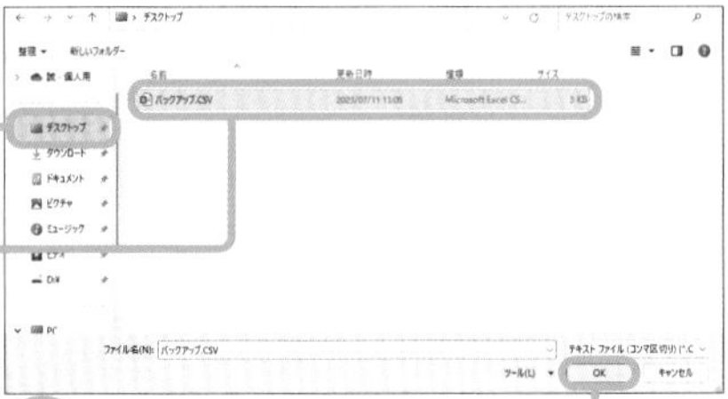

8 インポートするファイルをクリックして、

9 ［OK］をクリックします。

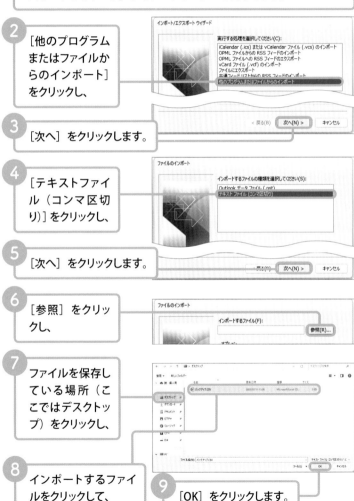

10 必要に応じてオプションを変更し、

11 ［次へ］ をクリックします。

12 ［連絡先］をクリックして、

13 ［次へ］ をクリックします。

14 ここをクリックしてオンにし、

15 ［完了］ をクリックすると、

16 連絡先にデータがインポートされます。

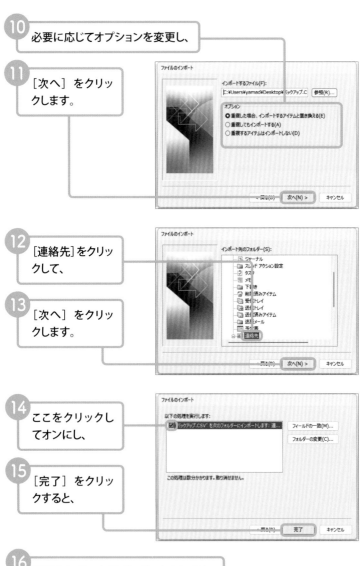

Chapter

5

予定表／タスクを使いこなそう

Section

40 予定表とタスクの使い分け方を知ろう
41 予定表に日本の祝日を設定しよう
42 予定表に稼働時間を追加しよう
43 新しい予定を登録しよう
44 予定にアラームを設定しよう
45 定期的な予定は一度に登録しよう
46 終了していない予定を確認しよう
47 メールの内容を予定表に登録しよう
48 予定表を共有して複数人で管理しよう
49 予定表からTeams の会議予定を作成しよう
50 新しいタスクを登録しよう
51 タスクにアラームを設定しよう
52 定期的なタスクは一気に登録しよう
53 期限付きの依頼メールはタスクへ登録しよう
54 タスクと予定表を連携して一括で管理しよう
55 タスクを依頼して複数人で管理しよう

Section
40 予定表とタスクの使い分け方を知ろう

［予定表］には、今後の予定の開始時刻と終了時刻、件名や場所などを登録できます。［タスク］には、仕事の進捗や期限などを登録でき、「○日までに仕事を完了する」という期限日を設定して管理できます。

1 Outlookの［予定表］とは

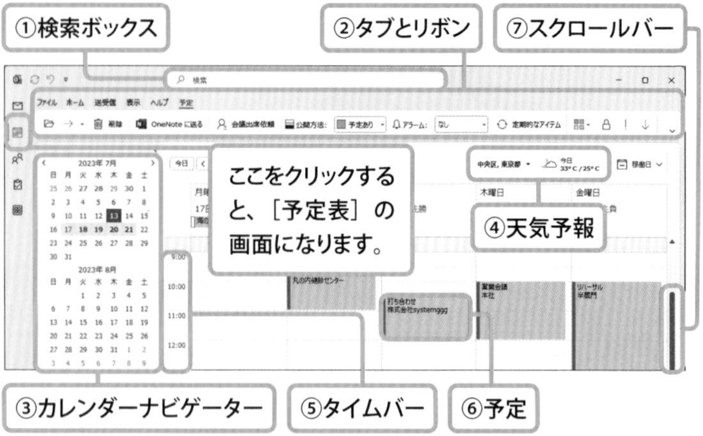

名称	機能
①検索ボックス	キーワードを入力して予定を検索します。
②タブとリボン	よく使う操作が目的別に表示されています。
③カレンダーナビゲーター	2カ月分のカレンダーが表示されます。日付をクリックすると、その日の予定をすばやく確認できます。
④天気予報	設定した地域の天気予報を表示します。
⑤タイムバー	時刻を表示します。
⑥予定	登録した予定が表示されます。ダブルクリックすると、［予定］ウィンドウが開きます。
⑦スクロールバー	スクロールすると、［日］［稼働日］［週］では前後の時間帯、［月］では前後の月を表示できます。

2 ［予定］ウィンドウの画面構成

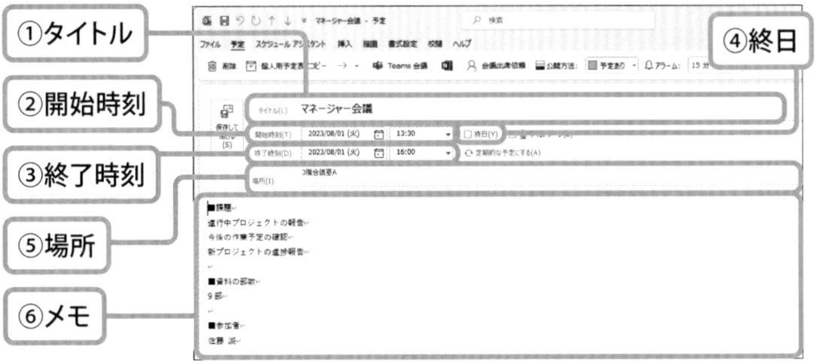
①タイトル
②開始時刻
③終了時刻
④終日
⑤場所
⑥メモ
マネージャー会議

名称	機能
①タイトル	予定の名前を表示します。
②開始時刻	予定の開始日と時刻を表示します。
③終了時刻	予定の終了日と時刻を表示します。
④終日	終日（一日中）の予定があるときは、ここをオンにして登録します。
⑤場所	予定が行われる場所を表示します。
⑥メモ	予定の内容の詳細を登録します。

3 ［予定表］のさまざまな表示形式

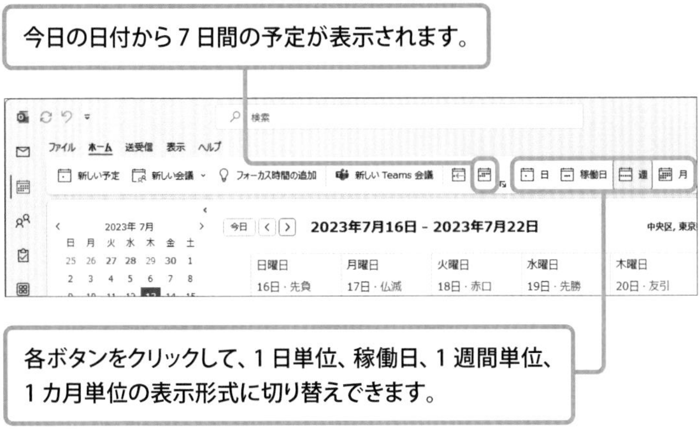
今日の日付から 7 日間の予定が表示されます。
各ボタンをクリックして、1 日単位、稼働日、1 週間単位、1 カ月単位の表示形式に切り替えできます。
2023年7月16日 - 2023年7月22日

4 Outlookの［タスク］とは

①検索ボックス
②タブとリボン
③ビュー
④閲覧ウィンドウ
ここをクリックすると、［タスク］の画面に切り替わります。
［To Do バーのタスクリスト］を選択しています。

名称	機能
①検索ボックス	キーワードを入力して予定を検索します。
②タブとリボン	よく使う操作が目的別に表示されています。
③ビュー	登録したタスクを一覧表示します。
④閲覧ウィンドウ	ビューで選択したタスクの内容を表示します。

Memo

予定表とタスクは連携できる

予定表とタスクを連携して、あわせて編集や確認を行うこともできます。詳しくは 148 ページを参照してください。

5 ［タスク］ウィンドウの画面構成

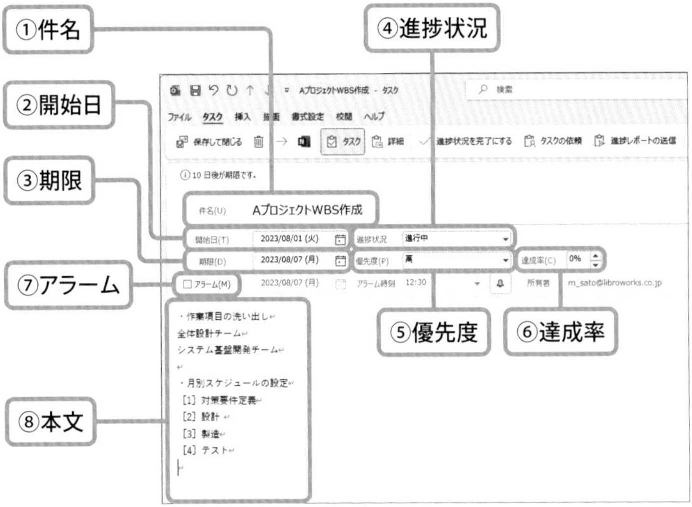

名称	機能
①件名	タスクの件名を登録します。
②開始日	タスクの開始日を登録します。
③期限	タスクの期限日を登録します。
④進捗状況	タスクの進捗状況（未開始／進行中／完了／待機中／延期）を登録します。
⑤優先度	タスクの優先度（低／標準／高）を登録します。
⑥達成率	タスクの達成率をパーセント表示で登録します。
⑦アラーム	指定した時刻にアラームを鳴らします。
⑧本文	タスクの詳細な内容を書き込みます。

Section

41 予定表に日本の祝日を設定しよう

Outlook 2021 の初期設定では、［予定表］に祝日が表示されていません。［予定表］をカレンダー代わりに利用したい場合は、祝日を表示するように設定しておくと便利です。

1 予定表に日本の祝日を設定しよう

1 ［ファイル］タブの［オプション］をクリックし、［Outlook のオプション］ダイアログボックスを表示します。

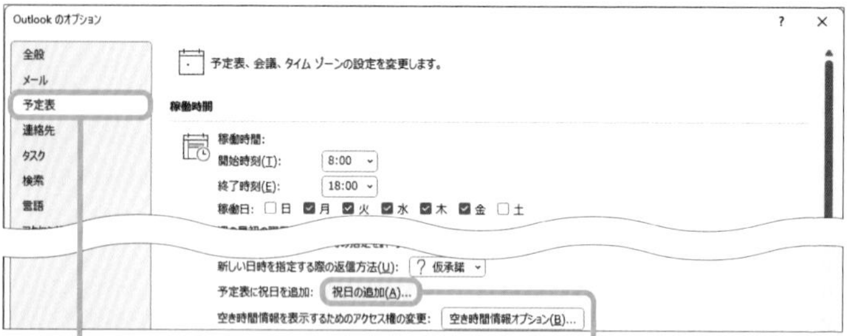

2 ［予定表］をクリックし、

3 ［祝日の追加］をクリックします。

4 ［日本］をクリックしてオンにして、

5 ［OK］をクリックします。

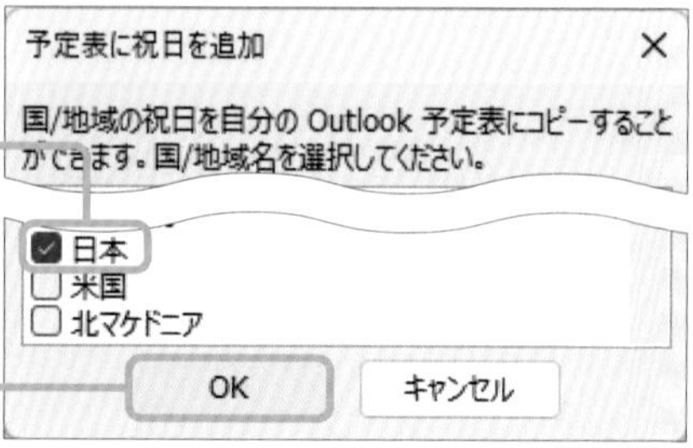

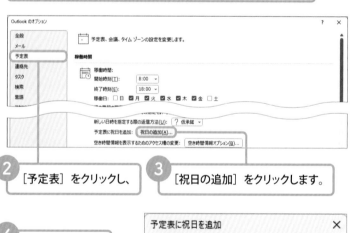

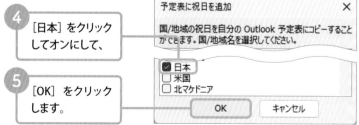

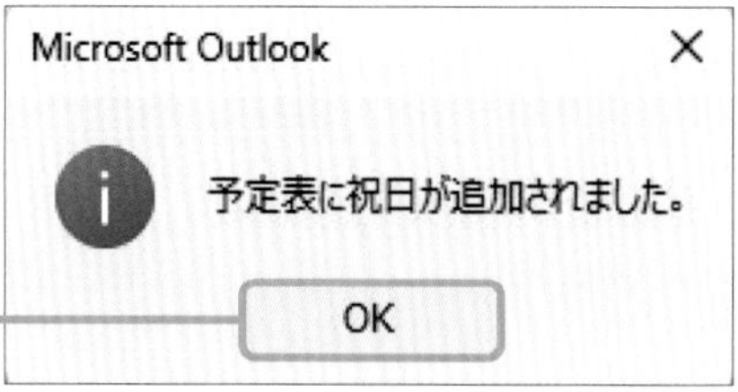

6 ［OK］をクリックし、

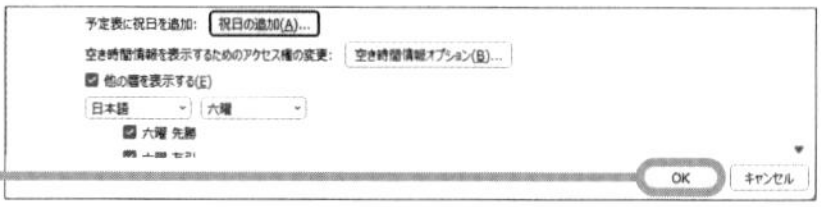

7 ［OK］をクリックすると、

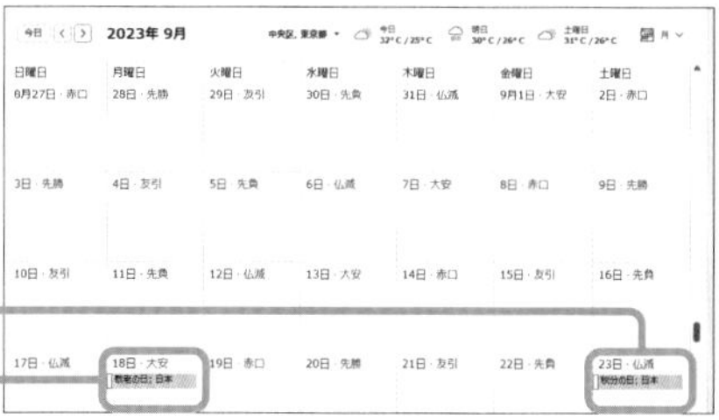

8 祝日が設定されていることが確認できます。

Hint

祝日を変更したい場合

祝日の名称や日付が変わってしまった場合、［予定表］から変更／削除することができます。祝日は予定として登録されているので、ダブルクリックすることで［予定］ウィンドウが開き、変更／削除ができます。変更した場合は［保存して閉じる］をクリックし、削除する場合は［削除］をクリックします。

Memo

六曜を非表示にする

Outlook 2021では、初期設定で大安／仏滅／友引などの六曜が表示されます。これを非表示にするには、手順❸で［他の暦を表示する］をクリックしてオフにします。

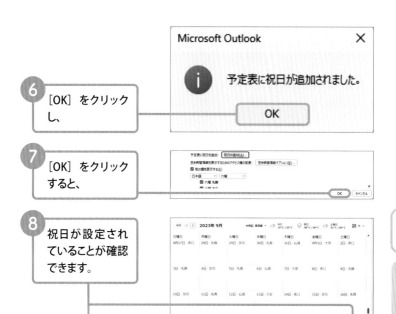

Section

42 予定表に稼働時間を追加しよう

Outlook 2021 では、就業日を「稼働日」、就業時間を「稼働時間」と呼んでいます。あらかじめ稼働日と稼働時間を設定しておけば、仕事がない日の表示が省略され、見た目がわかりやすくなります。

1 稼働日と稼働時間を追加しよう

1 ［ファイル］タブの［オプション］をクリックし、［Outlook のオプション］ダイアログボックスを表示します。

2 ［予定表］をクリックし、

3 稼働日（ここでは月曜日から金曜日）をクリックしてオンにします。

4 稼働時間（ここでは開始時刻は［9:00］、終了時刻は［18:00］）を設定し、

5 稼働日（ここでは月曜日から金曜日）をクリックして設定して、

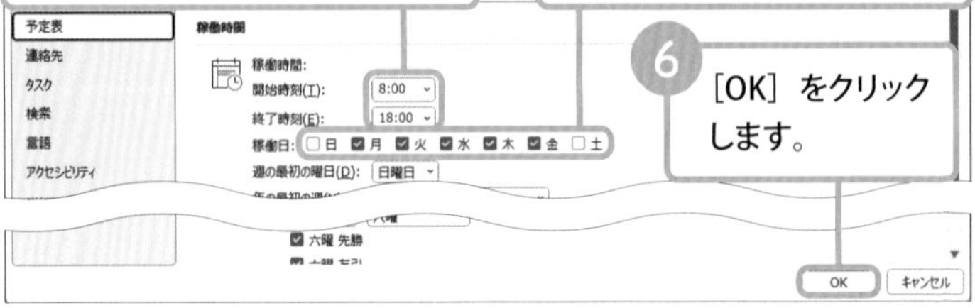

6 ［OK］をクリックします。

2 稼働日だけを予定表に表示しよう

1 予定表を1週間単位で表示すると、日曜から土曜までの予定が表示され、稼働時間（9時から18時）以外は背景が灰色で表示されています。

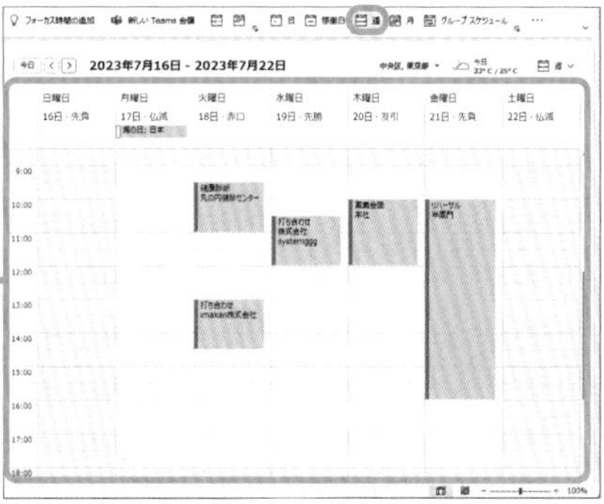

2 ［稼働日］をクリックすると、

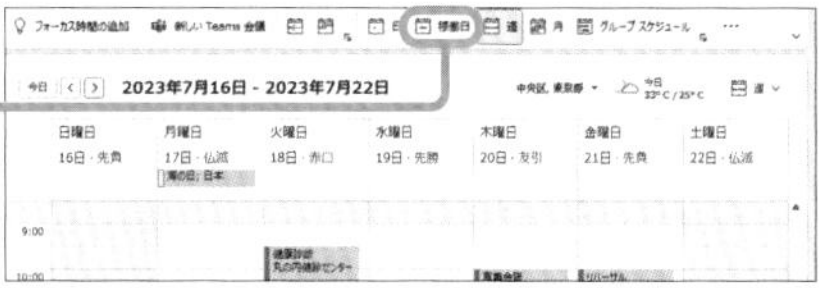

3 稼働日に設定した曜日（月曜日から金曜日）のみ表示されます。

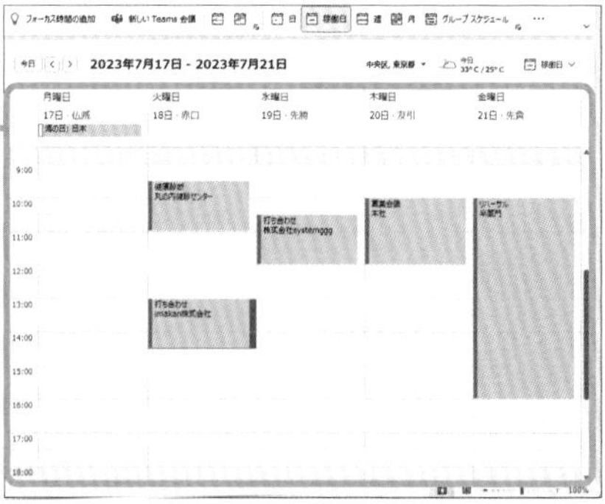

Hint

タイムバーの表示単位を変更する

初期設定では、タイムバーの表示単位は30分となっていますが、5分から60分まで6段階の間隔で変更することができます。

Section

43 新しい予定を登録しよう

新しい予定を登録するためには、まず［予定］ウィンドウを表示します。件名、場所、開始時刻、終了時刻を登録すれば、予定表に予定が表示されます。

1 新しい予定を登録しよう

1 予定を登録する日付をクリックして、

2 ［ホーム］タブをクリックし、

3 ［新しい予定］をクリックします。

4 タイトルと場所を入力し、

5 ここをクリックして、

6 開始時刻を選択します。

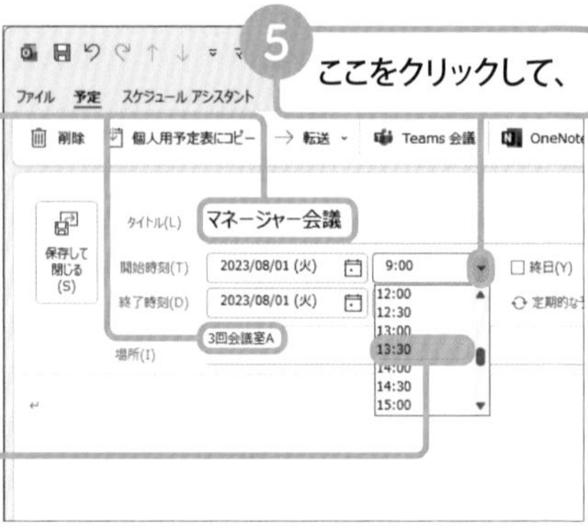

7 ここをクリックして、

8 終了時刻を選択し、

9 [保存して閉じる]をクリックすると、

この部分には、予定の詳細な情報をメモとして登録できます。

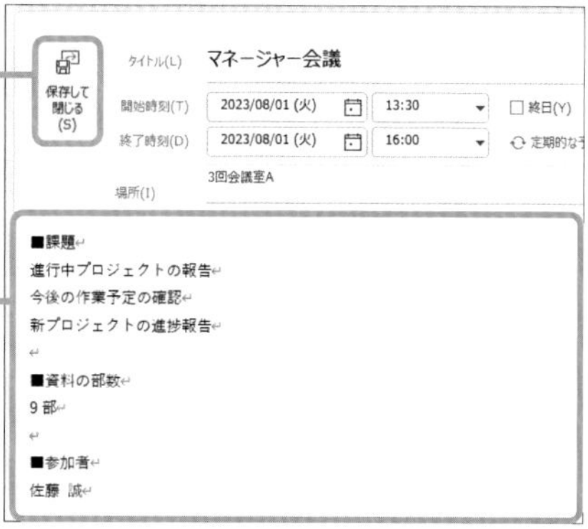

10 新しい予定が登録されます。

Memo

登録する日付を変更する

手順❹の［予定］ウィンドウを表示したあとに日付を変更したい場合は、［開始時刻］および［終了時刻］のカレンダーアイコンをクリックし、変更したい日付をクリックします。

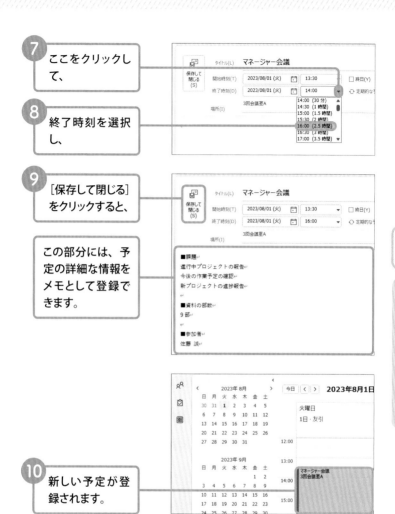

Section

44 予定にアラームを設定しよう

Outlook 2021には、登録した予定の時刻が迫ると、アラーム音やダイアログボックスで知らせてくれる機能があります。重要な予定には、あらかじめアラームを設定しておくと便利です。

1 アラームを設定しよう

1 ［ホーム］タブをクリックし、

2 ［新しい予定］をクリックします。

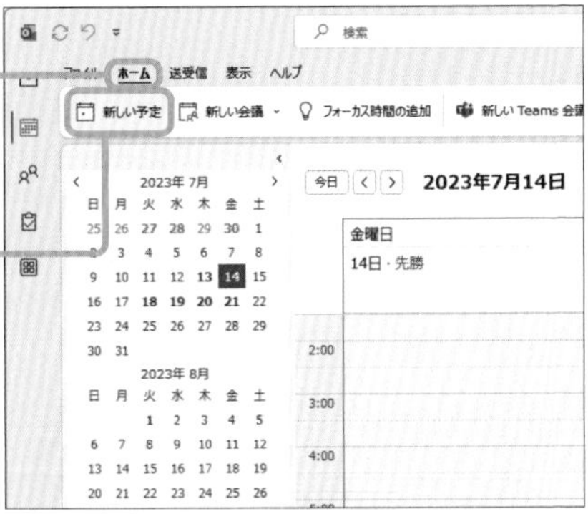

3 予定を入力し、

4 ここをクリックして、

5 アラームを鳴らす時間を設定し、

6 ［保存して閉じる］をクリックします。

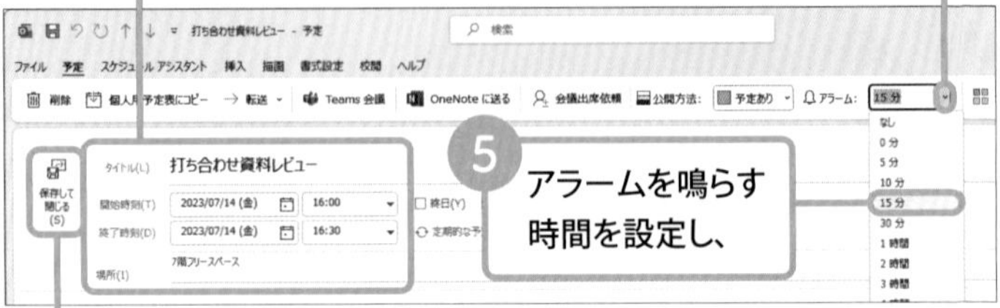

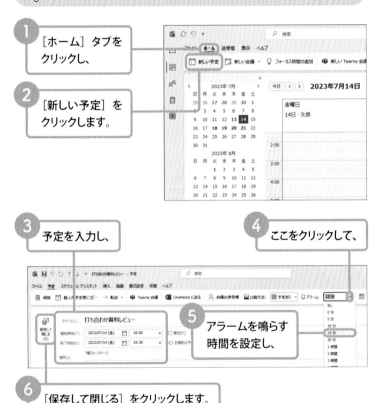

2 アラームを確認しよう

1 指定した時刻になると、[アラーム] ダイアログボックスが表示され、アラーム音が鳴ります。

アラームの設定を消去するには、[アラームを消す] をクリックします。

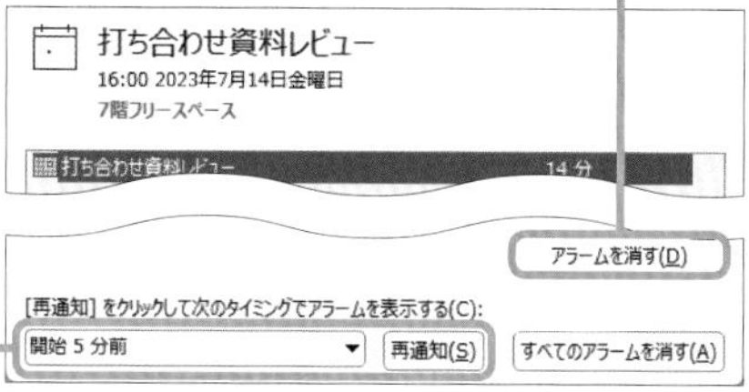

再通知するには、時間を設定して [再通知] をクリックします。

Memo アラームの初期設定を変更する

初期設定では、開始時刻の 15 分前にアラームが鳴るように設定されています。これを変更するには、[ファイル] タブの [オプション] をクリックし、[Outlook のオプション] ダイアログボックスを表示します。[予定表]の項目で、[アラームの既定値] から時間を選択します。また、このチェックボックスをオフにすることで、新規予定の登録時にアラームを設定しないようにすることもできます。

ここをオフにすると、アラームを設定しないようにできます。

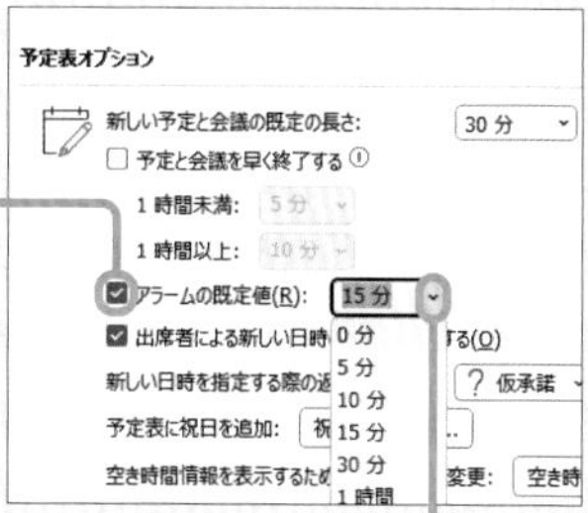

ボックスの右端をクリックすると、アラーム時間の既定値を設定できます。

Section
45
定期的な予定は一度に登録しよう

「毎週月曜日、朝 9 時から 30 分間は朝礼」というように、同じパターンで予定がある場合は、あらかじめタ定期的な予定として設定しておきましょう。予定表を毎回入力する手間が省けるので便利です。

1 定期的な予定を登録しよう

1 ［ホーム］タブをクリックし、

2 ［新しい予定］をクリックします。

3 定期的な予定の内容を入力し、

4 ［定期的な予定にする］をクリックします。

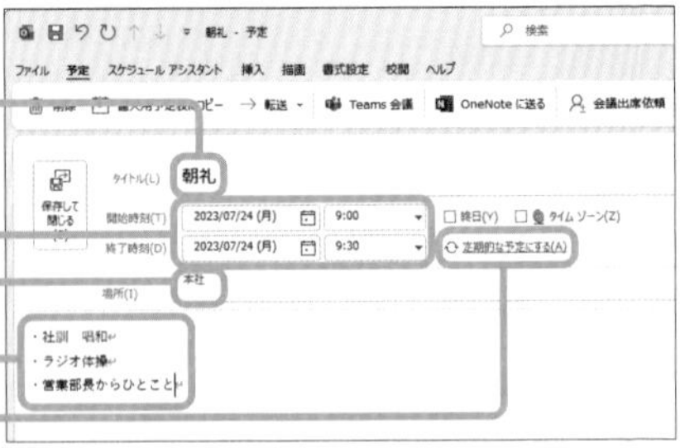

Memo

定期的な予定

ここでは、「毎週月曜日、午前 9 時～ 9 時 30 分の朝礼、終了日は未定」という定期的な予定を登録しています。登録後、例外の予定を変更したり、周期を解除したりすることも可能です。

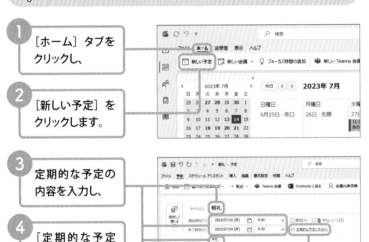

5 ［週］をクリックし、

6 「1」を入力して、

7 ［月曜日］をクリックします。

8 ［終了日未定］をクリックし、

9 ［OK］をクリックします。

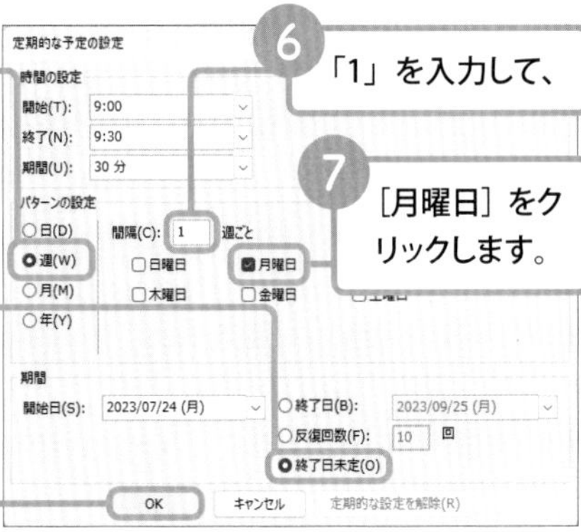

10 ［保存して閉じる］をクリックすると、

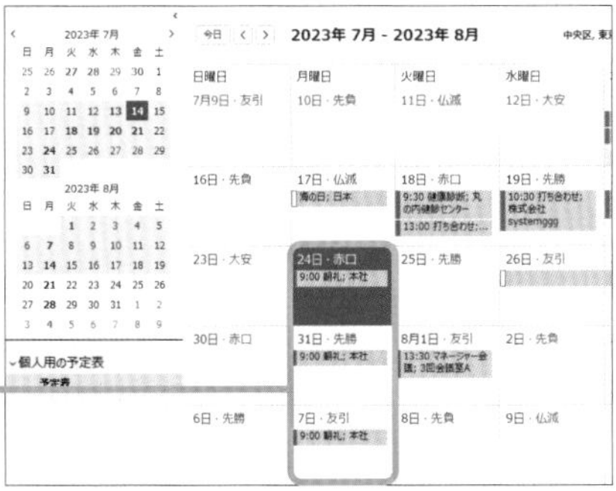

11 毎週月曜日に、定期的な予定が登録されます。

Memo

定期的な予定のアイコン

定期的な予定を選択すると、1カ月単位表示以外の表示形式では、右図のようなアイコンが表示されます。

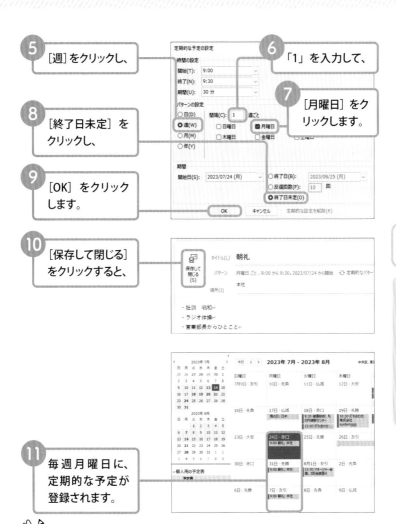

Section 46

終了していない予定を確認しよう

登録した予定の数が増えていくと、今後どのような予定があるのか把握しづらくなります。そのような場合は［ビュー］を変更して、終了していない予定を一覧表示すると便利です。

1 終了していない予定を場所ごとに並び替えよう

1 ［表示］タブをクリックし、

2 ［ビューの変更］をクリックして、

3 ［アクティブ］をクリックすると、

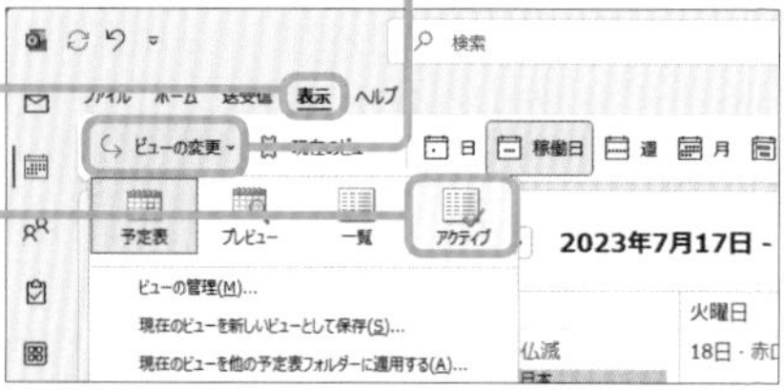

4 終了していない予定が、開始日の日付順で一覧表示されます。

Hint 表示を元に戻す

元の予定表の表示に戻すには、手順3の画面で［予定表］を選択します。

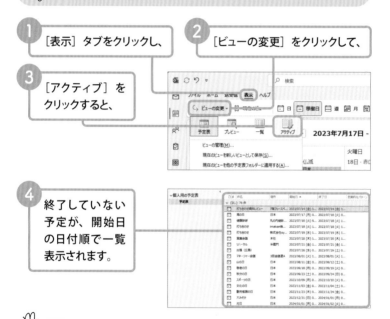

初期状態では、予定開始日の日付順で表示されています。

1 ［場所］をクリックすると、

2 終了していない予定が場所ごとに表示されます。

2 直近の7日間の予定を表示しよう

前ページのHintの方法で、［予定表］の表示に戻します。

1 ［ホーム］タブをクリックし、

2 ［今後7日間］をクリックすると、

3 直近の7日間の予定が表示されます。

Memo ［今後7日間］と1週間単位表示の違い

［今後7日間］による表示は、直近の7日間の終了していない予定を確認したい場合に役立ちます。それに対し1週間単位表示では、週の開始曜日から今週の7日間が表示されるため、曜日によっては終了した予定も表示されてしまいます。

Section

47 メールの内容を予定表に登録しよう

受信したメールを［予定表］のアイコンにドラッグ＆ドロップすると、予定として登録できます。ただし、［予定］ウィンドウに表示される内容はメールをもとにした情報なので、必要に応じて修正してから登録しましょう。

1 メールをドラッグ＆ドロップして予定表に登録しよう

1 ［メール］画面でメールをクリックし、

2 ［予定表］のアイコンにドラッグ＆ドロップすると、

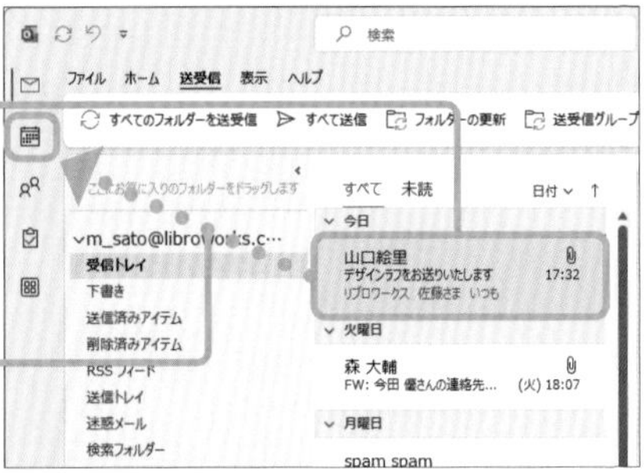

3 ［予定］ウィンドウが表示されます。

メールの内容が反映されています。

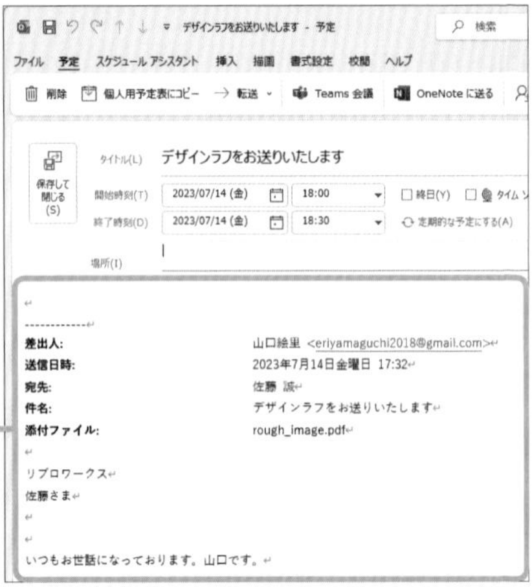

4 内容を修正し、

5 ［保存して閉じる］をクリックします。

2 登録した予定を確認しよう

1 登録した予定をダブルクリックすると、

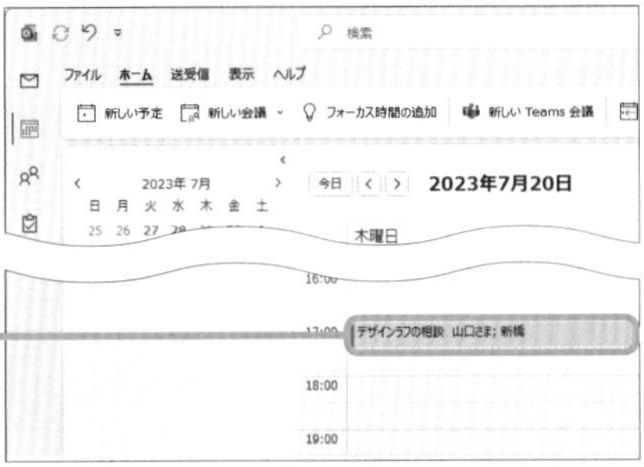

2 ［予定］ウィンドウが表示されて、登録した内容を確認できます。

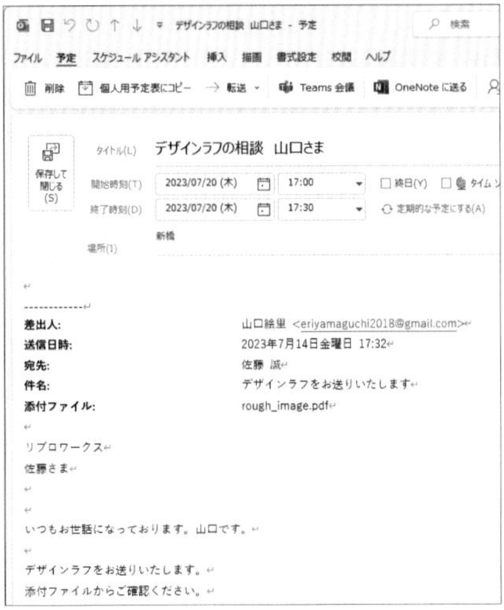

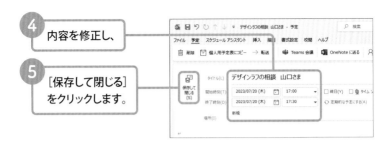

Section
48 予定表を共有して複数人で管理しよう

Microsoft Store から「組織用 Teams アプリ」をインストールすると、予定表をほかの人と共有して、予定の作成や変更などの操作ができます。この機能は、Windows 11 標準の Teams では利用できません。

1 指定した相手と予定表を共有しよう

1 共有したい予定表を右クリックし、

2 ［共有］にマウスポインターを合わせて、

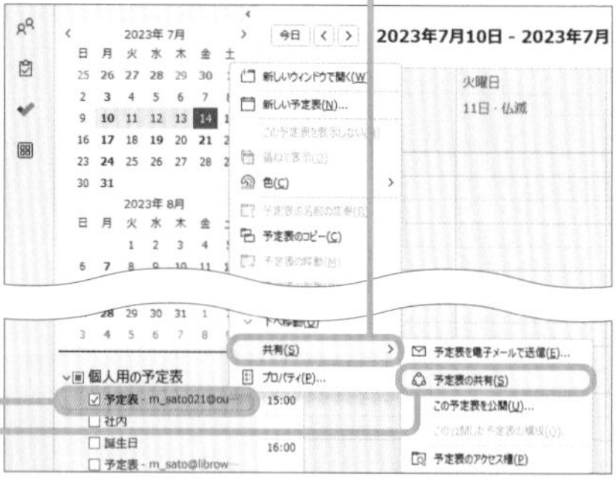

3 ［予定表の共有］をクリックします。

4 メールの画面が開き、共有する予定表が表示されます。

5 ここをクリックし、

6 ［詳細情報］をクリックします。

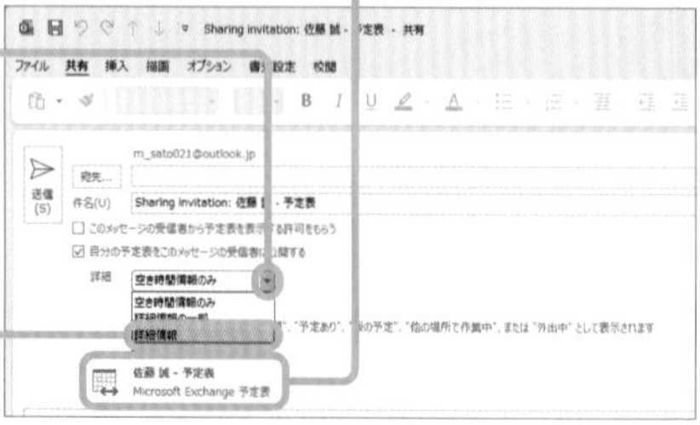

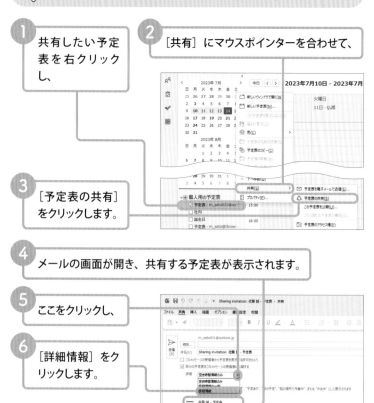

7 必要に応じてメッセージを入力し、

8 ［送信］をクリックします。

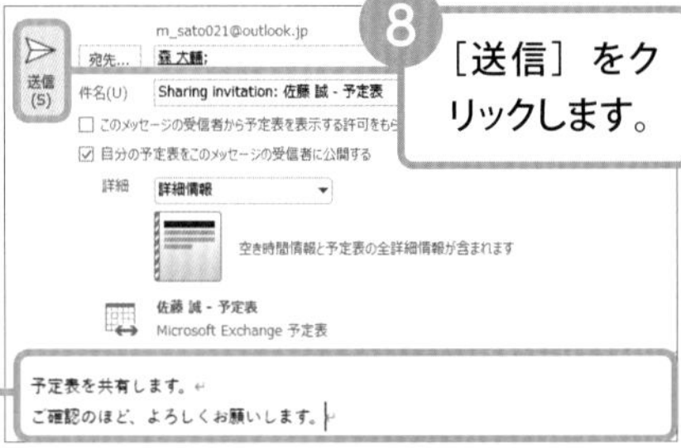

9 確認画面が表示されるので、

10 ［はい］をクリックすると、

11 メールが相手に送信され、予定表を共有できます。

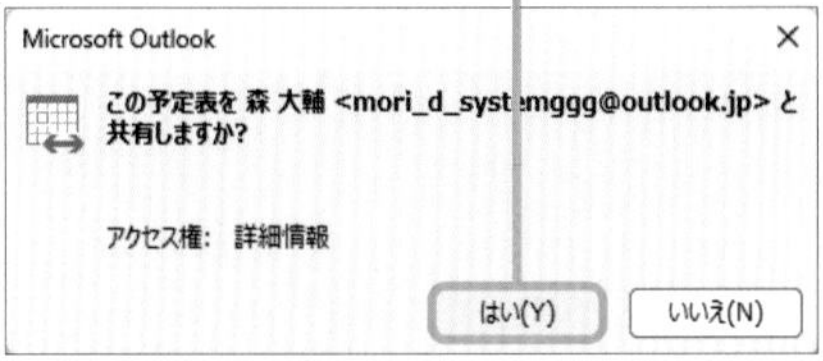

2 共有された予定表を確認しよう

1 ［予定表］の画面を表示して、

2 共有された予定表の名前をクリックすると、

3 予定表が表示されます。

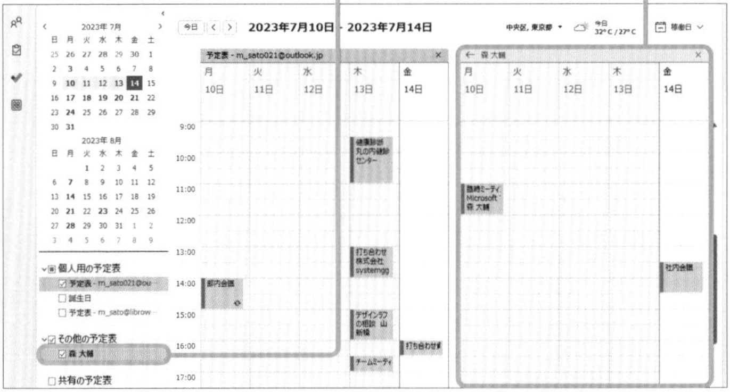

3 予定表を複数人で編集しよう

1 共有された予定表を表示して、

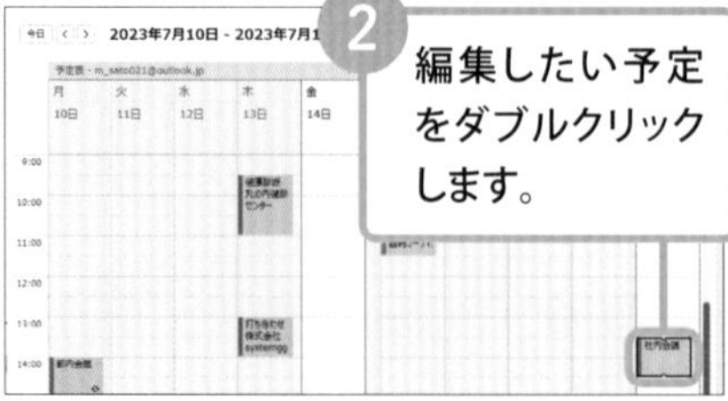

2 編集したい予定をダブルクリックします。

3 予定の内容を編集し、

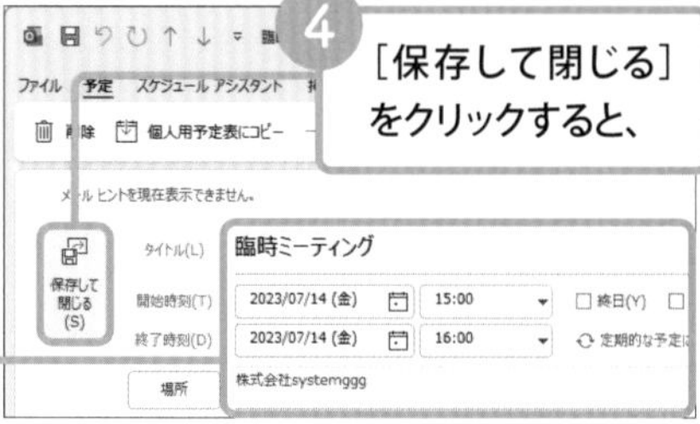

4 [保存して閉じる] をクリックすると、

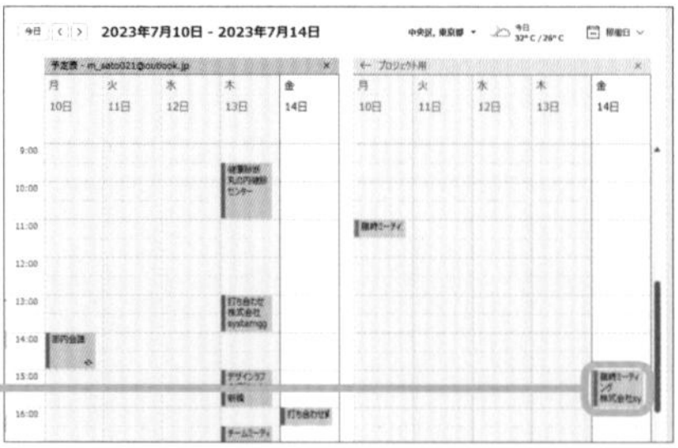

5 予定が更新されます。

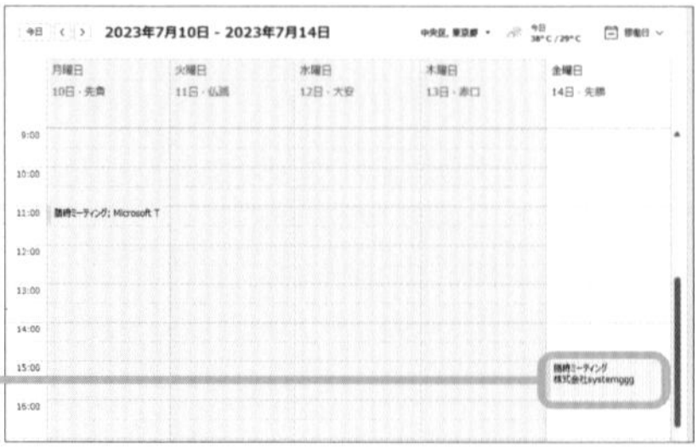

6 予定を共有しているほかのユーザーにも、予定の更新が反映されます。

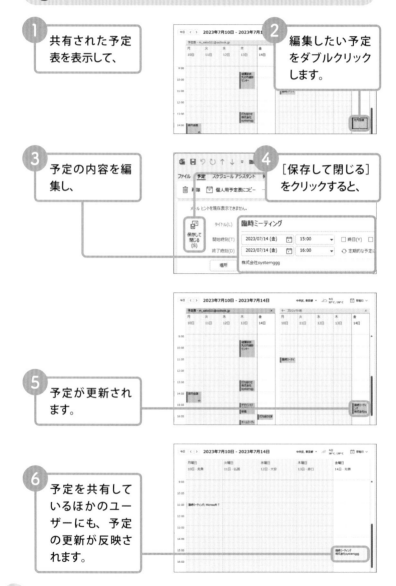

Stepup

カレンダーを見やすくする

予定表に表示されているカレンダーは、非表示にすることもできます。カレンダー名の横にあるチェックボックスをクリックしてオフにすると、カレンダーが表示されなくなります。再びチェックボックスをクリックしてオンにすると、カレンダーを表示できます。なお、予定表の項目のチェックボックスをクリックすると、その予定表の下の階層にあるカレンダーの表示を一度に切り替えられます。
また、カレンダー名や予定表の項目をドラッグすると、カレンダーを表示する順番を変更できます。カレンダーが増えて見にくくなった場合は、必要に応じて表示を変更しましょう。

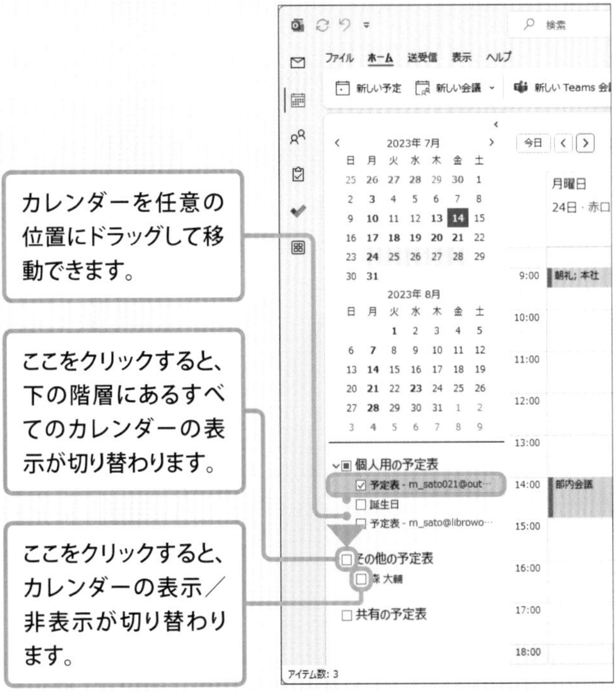

Section

49 予定表からTeamsの会議予定を作成しよう

Microsoft Store から「組織用 Teams アプリ」をインストールすると、予定表から Teams の会議予定を作成して、ほかのユーザーと共有することができます。この機能は、Windows 11 標準の Teams では利用できません。

1 新しいTeams会議を作成しよう

1 [予定表] をクリックして、

2 [新しい Teams 会議] をクリックします。

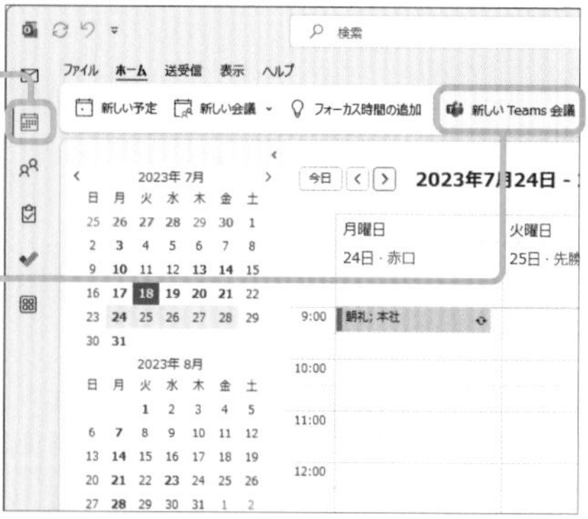

3 会議のタイトルを入力して、

4 [必須] に、必ず参加してほしい人のメールアドレスを入力し、

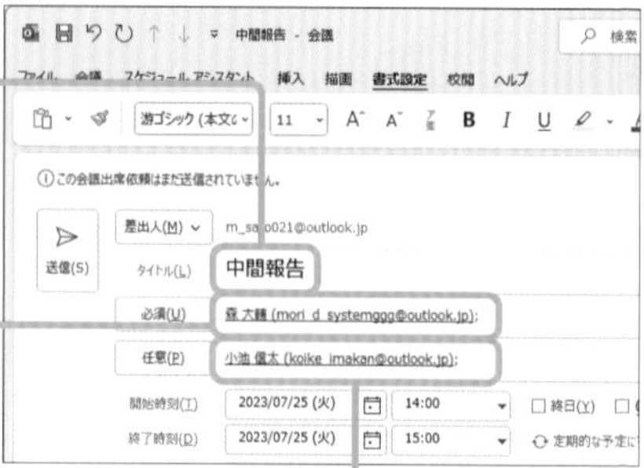

5 [任意] に、任意で参加してほしい人のメールアドレスを入力します。

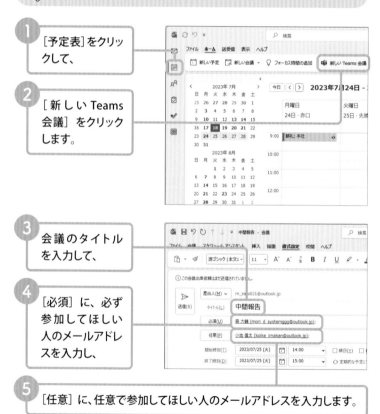

6 開始時刻と終了時刻を選択して、

7 ［送信］をクリックします。

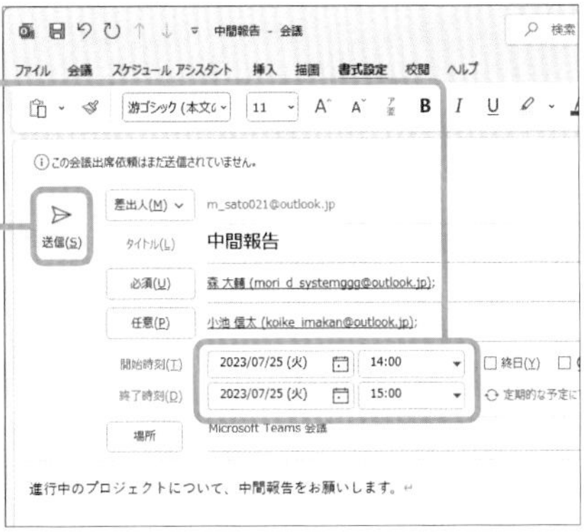

8 Teams の会議が予定表に登録されます。

9 予定をクリックすると、

10 Teams の会議の詳細が表示されます。

11 Teams の会議を共有しているメンバーから「承諾」や「辞退」の返信があると、「出席者の返信 :」の表示が変化します。

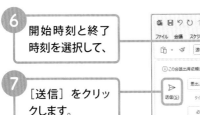

Section
50 新しいタスクを登録しよう

新しくタスクを登録するには、［タスク］ウィンドウを表示して、必要な項目を入力します。ここでは、タスクの［件名］、［開始日］、［期限］などの情報を登録することができます。

1 新しいタスクを登録しよう

1 ［タスク］をクリックして、［タスク］画面を表示します。

2 ［ホーム］タブをクリックし、

3 ［新しいタスク］をクリックします。

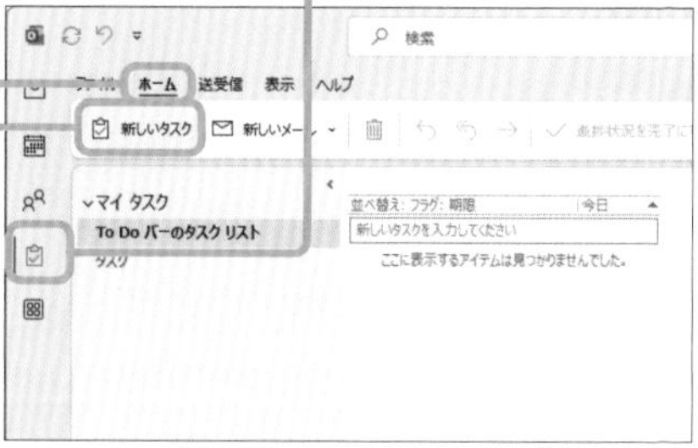

4 ［件名］を入力し、

5 アイコンをクリックして、

6 ［開始日］を選択します。

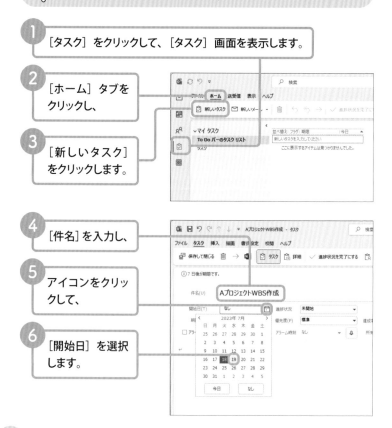

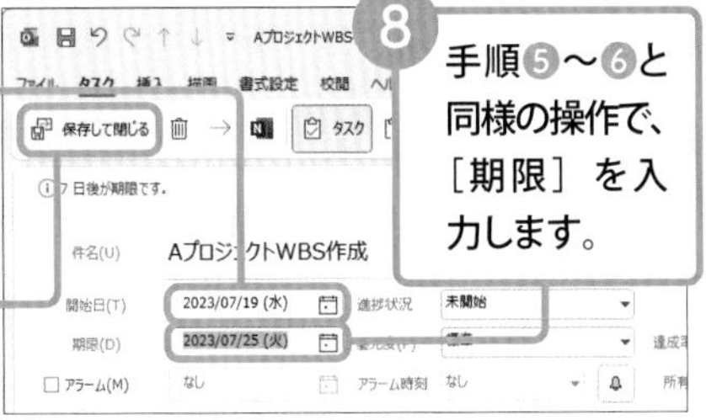

❼ ［開始日］が入力されました。

❽ 手順❺～❻と同様の操作で、［期限］を入力します。

❾ ［保存して閉じる］をクリックすると、

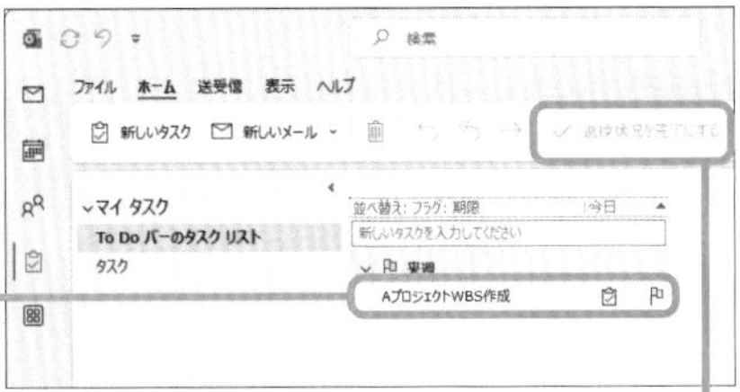

❿ タスクが登録されます。

タスクをクリックして選択し、［進捗状況を完了にする］をクリックすると、タスクが完了して非表示になります。

Memo

タスクと予定表の違い

「タスク」と「予定表」は、どちらもスケジュール管理を行う機能です。予定表は今後の予定をカレンダーで管理するのに対して、タスクは開始日と期限を仕事単位で管理します。通常の予定は予定表に、仕事の締め切りのみをタスクに登録するなどの使い分けをするとよいでしょう。

Hint

登録したタスクの表示順

登録したタスクは、期限日が近い順に表示されます。とくに期限日は表示されず、［今日］、［明日］、［今週］、［今月］などのグループごとに表示されます。

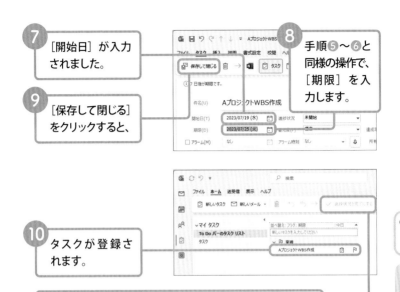

Section
51 タスクにアラームを設定しよう

重要なタスクを登録する場合は、アラームを設定しておきましょう。Outlook 2021 には、指定した時間になると、アラーム音やダイアログボックスで知らせてくれる機能が備わっています。

1 アラームを設定しよう

タスク期限日の午後 12 時 30 分にアラームを設定します。

1 アラームを設定したいタスクをダブルクリックします。

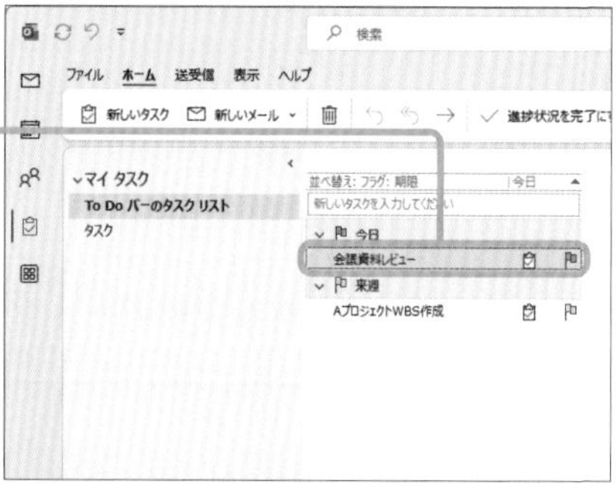

2 ［アラーム］をクリックしてオンにし、

3 ここをクリックして、

4 時刻（ここでは 12 時 30 分）を選択します。

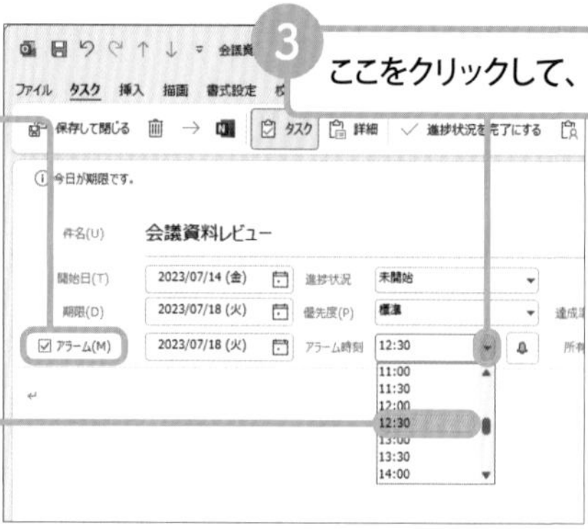

5 [保存して閉じる]をクリックすると、

6 アラームが設定されて、タスク名の横にベルのアイコンが表示されます。

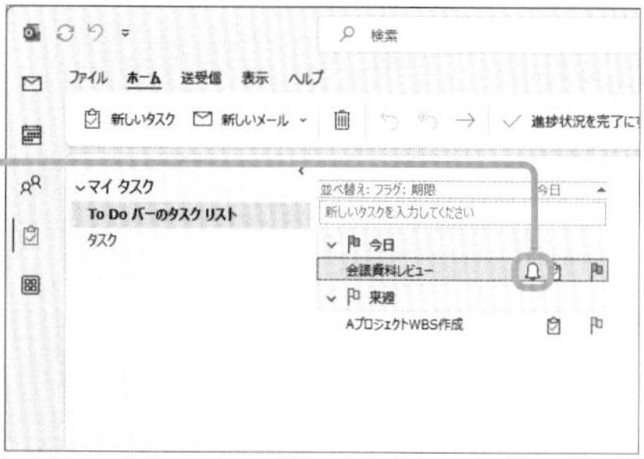

2 アラームを確認しよう

1 設定した時刻になると、[アラーム] ダイアログボックスが表示されて、アラーム音が鳴ります。

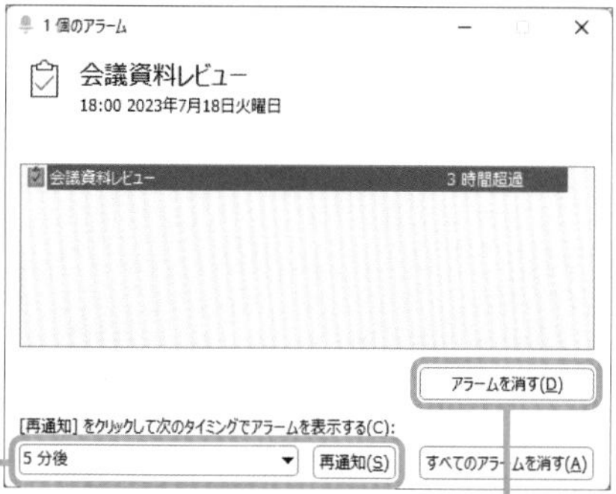

再通知するには、時間を設定して[再通知]をクリックします。

アラームを消去するには、[アラームを消す]をクリックします。

Section

52 定期的なタスクは一気に登録しよう

「毎週金曜日に営業報告書を提出する」など、一定の間隔で締め切りがあるタスクは、定期的なタスクとして登録しておくと便利です。定期的なタスクでは、タスクが完了すると、次のタスクが自動的に作成されます。

1 定期的なタスクを登録しよう

「毎週金曜日に営業報告書を提出する」というタスクを設定します。

1 [ホーム] タブをクリックし、

2 [新しいタスク] をクリックします。

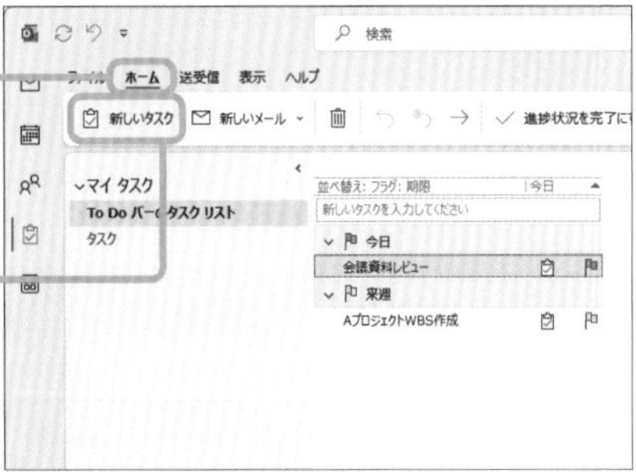

3 [件名] を入力し、

4 [定期的なアイテム] をクリックします。

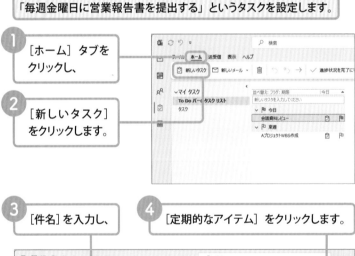

5 ［週］をクリックし、

6 「1」を入力します。

7 ［金曜日］をクリックしてオンにし、

8 ［開始日］を選択して、

9 ［終了日未定］をクリックし、

10 ［OK］をクリックします。

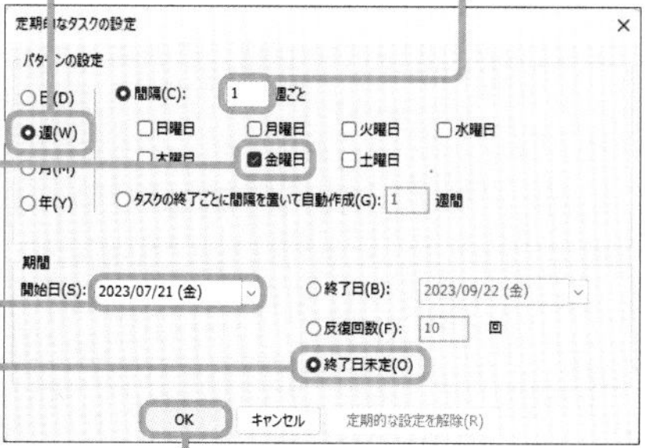

11 定期的なタスクのパターンが表示されます。

12 ［保存して閉じる］をクリックします。

13 定期的なタスクが登録されます。

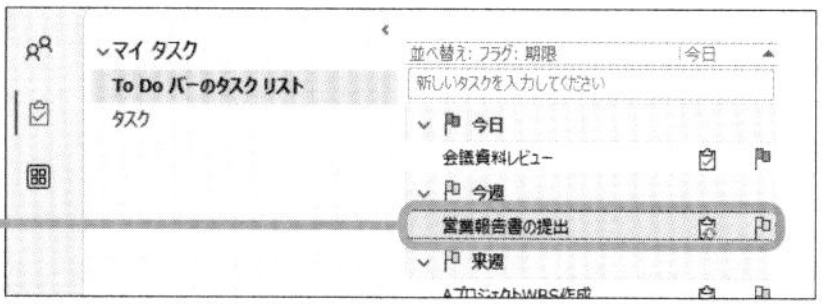

Memo 定期的なタスクのアイコン

定期的なタスクには、図のようなアイコンが表示されます。

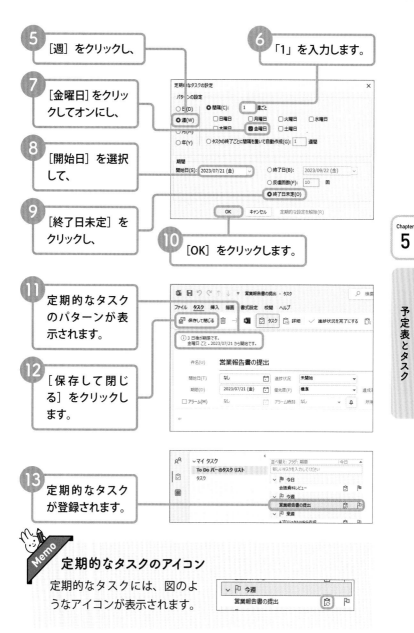

Section
53 期限付きの依頼メールはタスクへ登録しよう

メールを［タスク］のアイコンにドラッグ＆ドロップすると、［タスク］ウィンドウが表示され、かんたんにタスクを登録できます。登録後は、［件名］、［開始日］、［期限］などの情報を必要に応じて修正しましょう。

1 メールの内容をタスクに登録しよう

1 ［メール］の画面で、メールを［タスク］のアイコンにドラッグ＆ドロップすると、

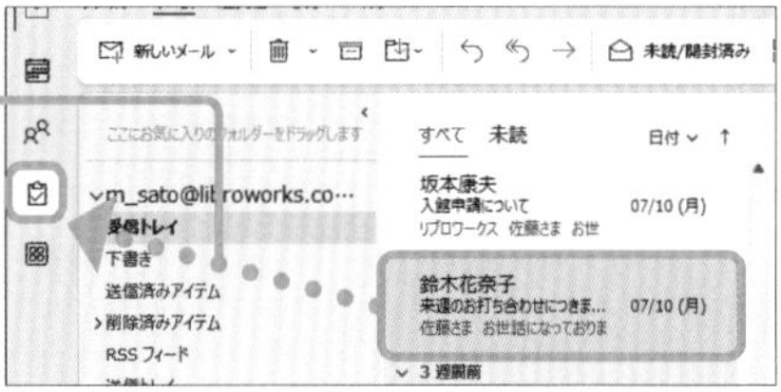

2 ［タスク］ウィンドウが表示されます。

メールの内容が反映されています。

Memo
ドラッグ操作で登録される内容

メールを［タスク］のアイコンにドラッグ＆ドロップすると、メールの件名は［件名］に、メールの本文は［メモ］に登録されます。必要に応じて、適切な内容に修正しましょう。

3 ［件名］を修正して、

4 ［開始日］と［期限］を入力し、

5 必要に応じて本文を入力します。

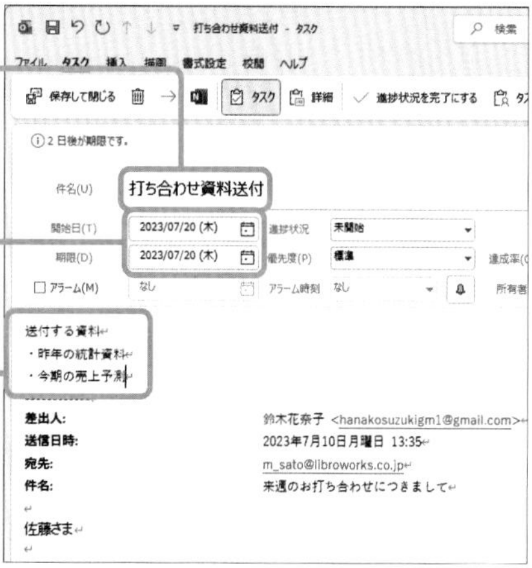

6 ［保存して閉じる］をクリックします。

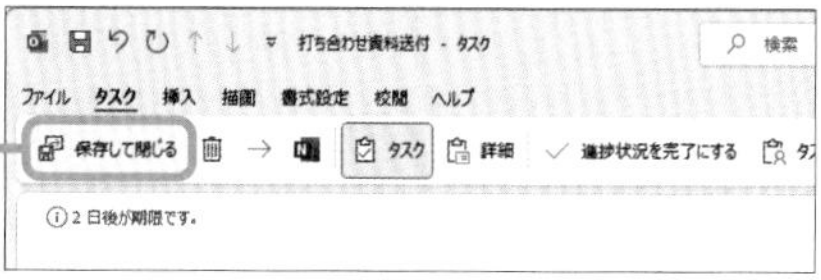

7 ［タスク］の画面を表示すると、

8 タスクが登録されたことを確認できます。

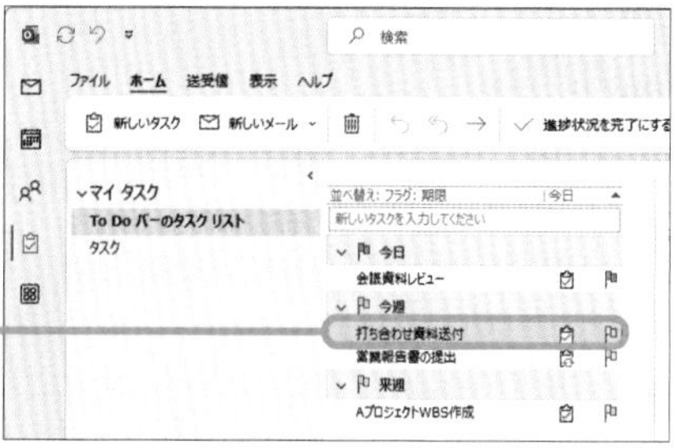

Hint

タスク内容をメールで送信する

タスクを［メール］のアイコンにドラッグ&ドロップすると、タスクの内容が記載されたメールを作成できます。進捗状況や達成率、実働時間なども自動的に本文に挿入されるので、すばやく報告をしたいときなどに役立ちます。

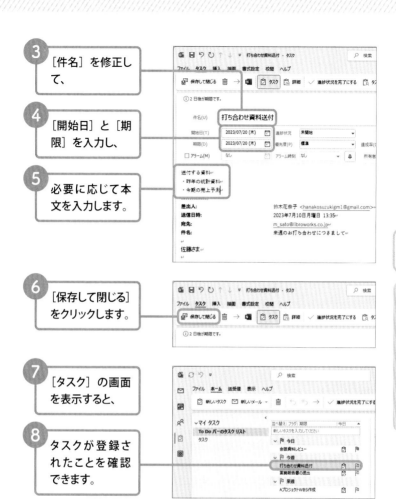

Section
54 タスクと予定表を連携して一括で管理しよう

Outlook 2021 では、登録したタスクを［予定表］に登録したり、反対に予定を［タスク］に登録したりすることが可能です。Outlook 2021 の中でデータ連携をいろいろと試してみましょう。

1 タスクを予定表に登録しよう

1 タスクをクリックし、

2 ［予定表］のアイコンにドラッグ＆ドロップします。

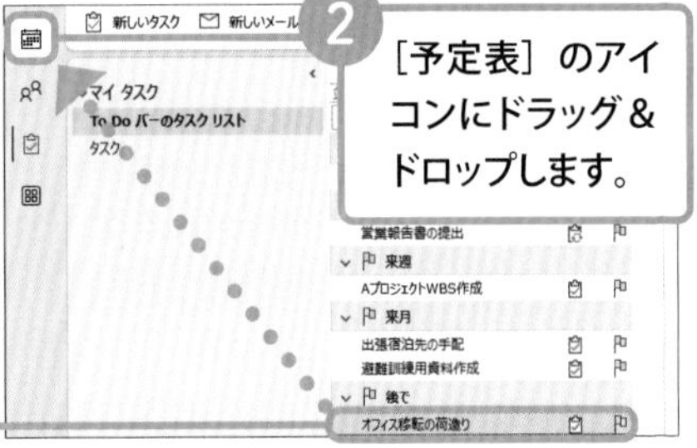

3 ［予定］ウィンドウが表示されます。

タスクの内容が反映されています。

Memo

ドラッグ＆ドロップで登録される内容

タスクを［予定表］のアイコンにドラッグ＆ドロップすると、タスクの件名は［タイトル］に、タスクの進捗状況は［メモ］に登録されます。必要に応じて、適切な内容に修正しましょう。

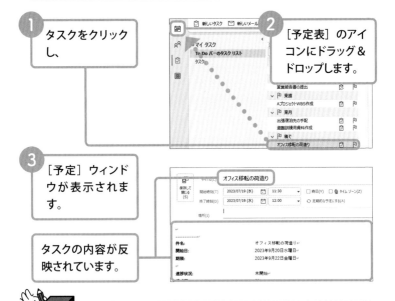

4 [場所] を入力し、

5 [開始時刻]と[終了時刻] を入力します。

6 必要に応じて本文を入力し、

7 [保存して閉じる] をクリックします。

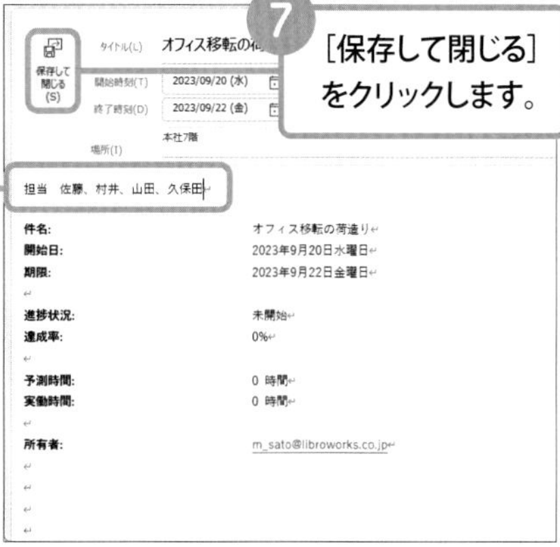

8 [予定表] をクリックすると、

9 予定が登録されたことを確認できます。

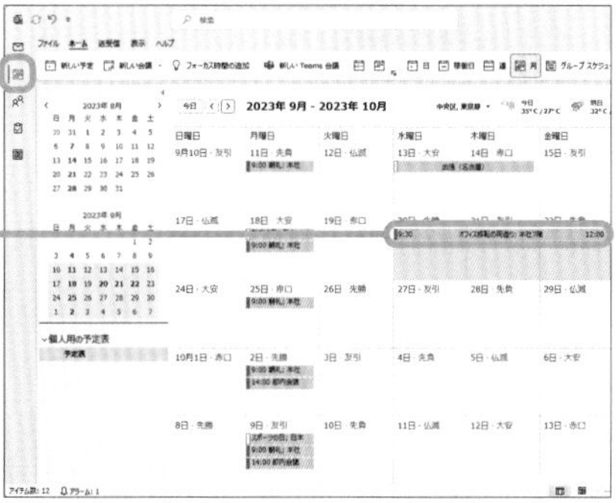

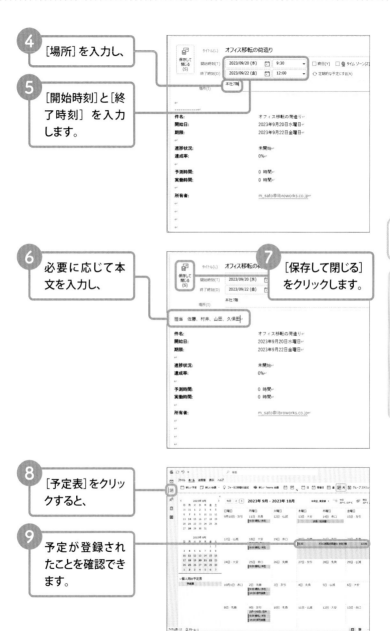

2 予定をタスクに登録しよう

1 ［予定表］の画面でタスクに登録したい予定をクリックし、

2 ［タスク］のアイコンにドラッグ＆ドロップします。

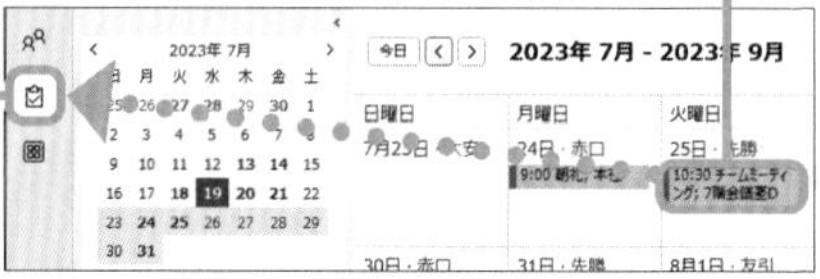

3 ［タスク］ウィンドウが表示されます。

4 必要に応じて［件名］を変更し、

5 ［開始日］と［期限］を入力して、

6 本文を入力します。

7 ［保存して閉じる］をクリックします。

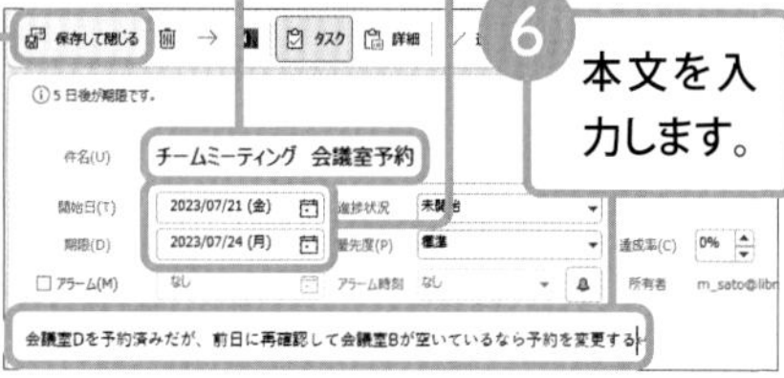

8 ［タスク］をクリックすると、

9 タスクが登録されたことを確認できます。

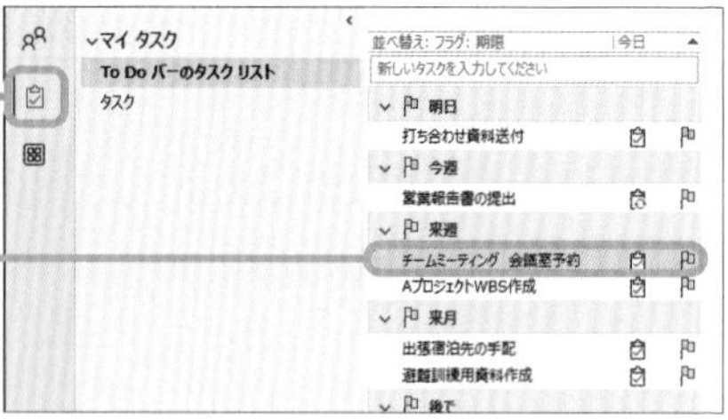

Memo

ドラッグ操作で登録される内容

予定を［タスク］のアイコンにドラッグ＆ドロップすると、予定の件名は［件名］に、予定のメモは［メモ］に登録されます。必要に応じて、適切な内容に修正しましょう。

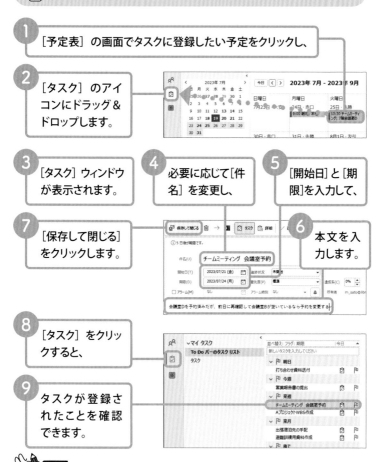

3 [予定表]に[日毎のタスクリスト]を表示しよう

1 [予定表]の画面で[表示]タブをクリックして、

2 … をクリックし、

3 [レイアウト]にマウスポインターを合わせて、

4 [日毎のタスクリスト]にマウスポインターを合わせて、

5 [標準]をクリックします。

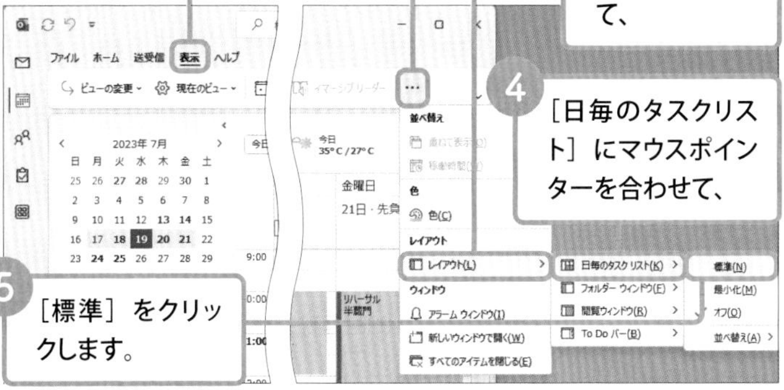

6 予定表の下に、その日までにやるべきタスクの一覧が表示されます。

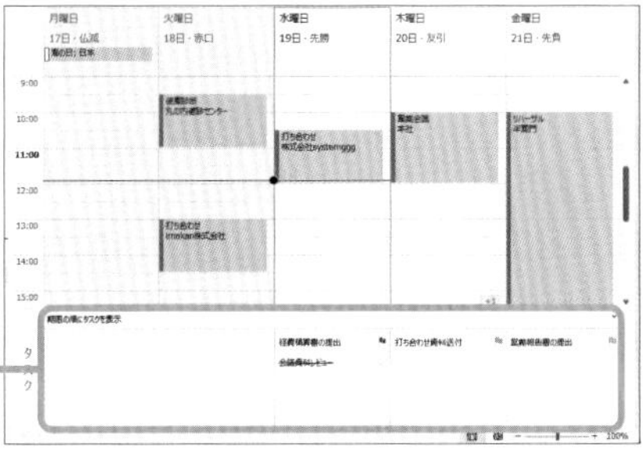

7 ドラッグ操作で、予定をタスクにすることができます。

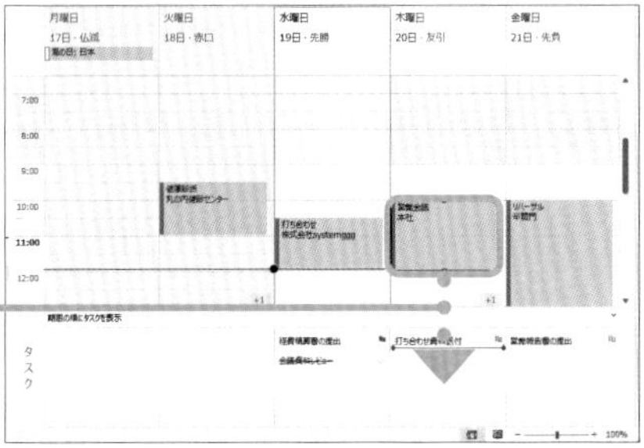

Section
55 タスクを依頼して複数人で管理しよう

タスクをほかのユーザーに依頼して、共有することも可能です。また、進捗レポートをタスクの依頼主に送って、現状を報告することもできます。同じ部署やチームで仕事を分担する場合などに役立ちます。

1 ほかのユーザーにタスクを依頼しよう

1 [タスク] の画面で [新しいタスク] をクリックし、

2 [タスクの依頼] をクリックします。

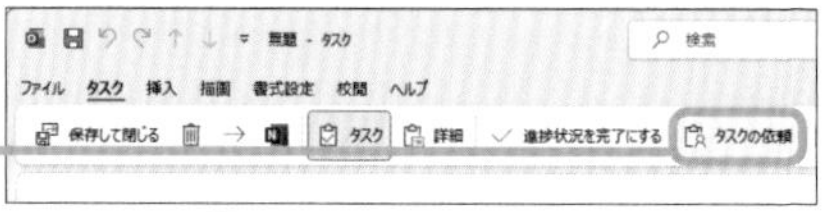

3 [件名] [開始日] [期限] とタスクの内容を入力し、

4 タスクを共有したい相手のメールアドレスを入力して、

5 [送信] をクリックします。

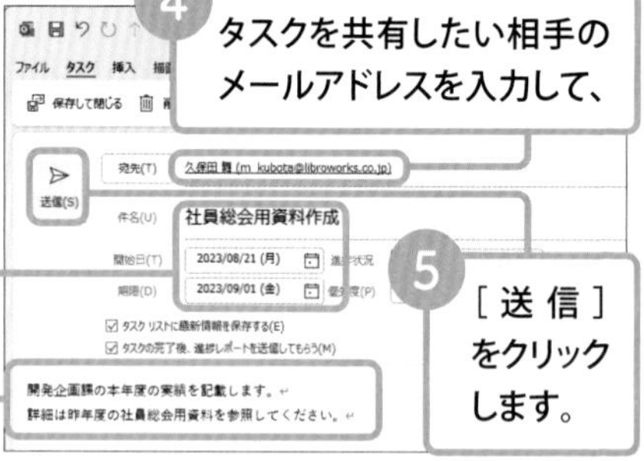

Memo
タスクを承諾する

タスクの依頼メールを受信したら、メールの上部に表示されている [承諾] をクリックすると、自分のタスクに追加されます。[辞退] をクリックすると、タスクから辞退し、自分のタスクには追加されません。

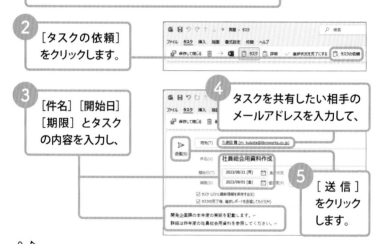

6 タスクの依頼メールが送信され、相手がタスクを承諾すると、タスクが共有されます。

7 依頼したタスクは［マイ タスク］に追加されます。

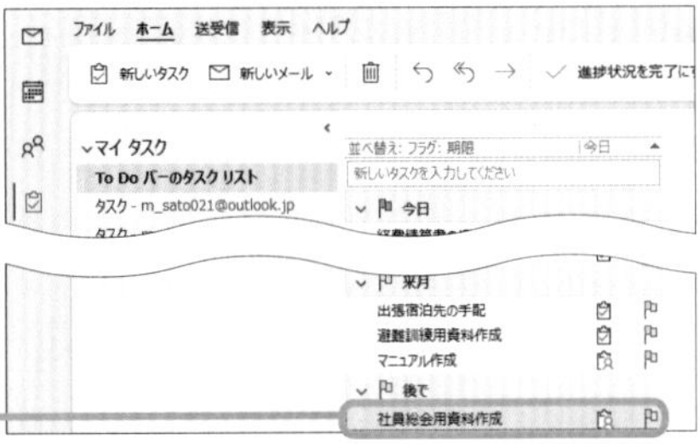

2 タスクの進捗状況を変更しよう

共有されているタスクにはこのアイコンが表示されます。

1 共有されたタスクをダブルクリックします。

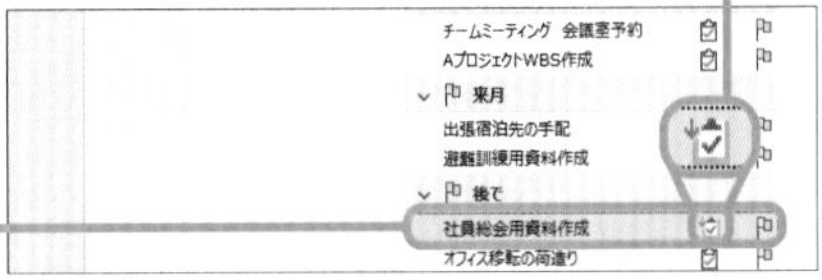

2 タスクの編集画面が表示されます。

3 ここをクリックし、

4 進捗状況をクリックして（ここでは［進行中］）、

5 ［保存して閉じる］をクリックすると、

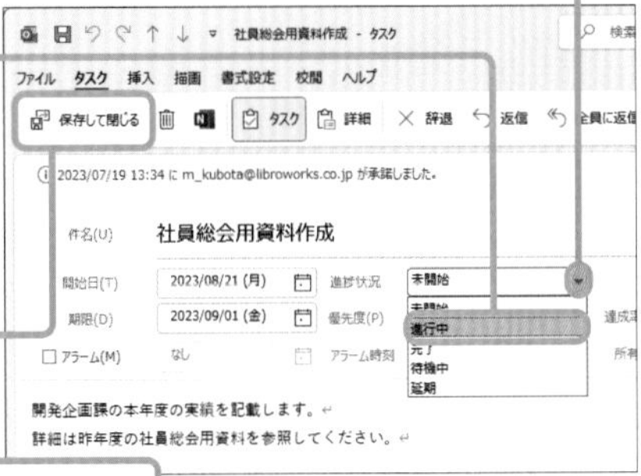

6 タスクの進捗状況が更新されます。

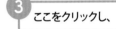

3 進捗情報を共有しよう

1 共有されたタスクをダブルクリックして開き、

2 [進捗レポートの送信] をクリックします。

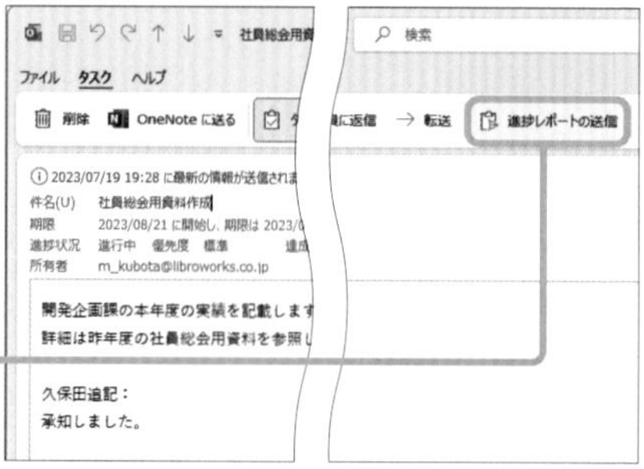

3 [メッセージ] 画面が開きます。

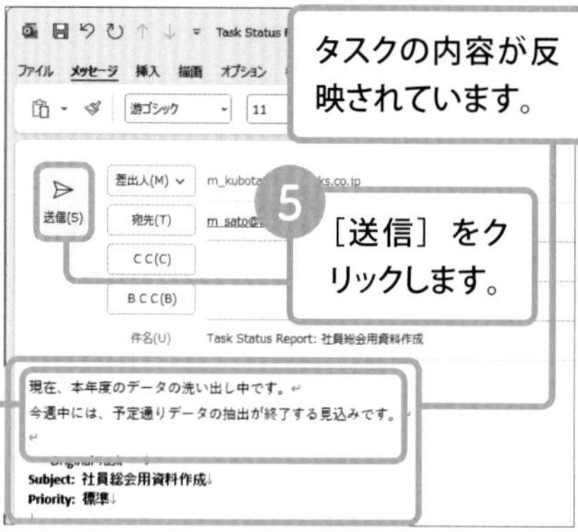

タスクの内容が反映されています。

4 必要に応じて内容を編集し、

5 [送信] をクリックします。

6 タスクの所有者に進捗レポートが送信されます。

7 進捗レポートはメールで送信され、受信したメールから内容を確認できます。

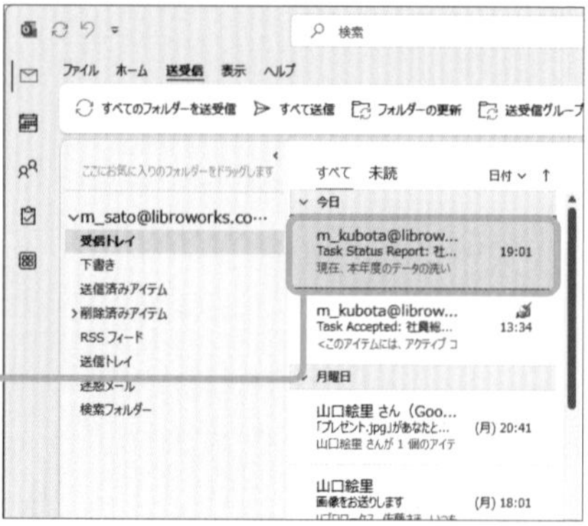

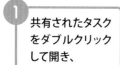

Chapter

6

Outlookの
トラブルシューティング

Section

56 メールアカウントが設定できない
57 Outlookが動作を停止して起動しなくなった
58 データファイルが壊れてしまった
59 送信トレイにメールが残ったまま送信されない
60 アドレス入力時に候補がいっぱい出てきて見づらい
61 受信したメールの画像が表示されない
62 メールの検索ができなくなってしまった
63 OutlookでTeamsの会議が作成できない
64 前バージョンのメールや連絡先を引き継ぎたい
65 Outlookの起動が遅い

Section 56

メールアカウントが設定できない

一部のメールアカウントでは、Section 2 の手順ではメールアカウントが追加できないことがあります。その場合は、コントロールパネルから手動でアカウントを設定しましょう。

1 コントロールパネルから設定しよう

1 ⊞をクリックし、

2 「コントロールパネル」と入力し、

3 ［コントロールパネル］をクリックします。

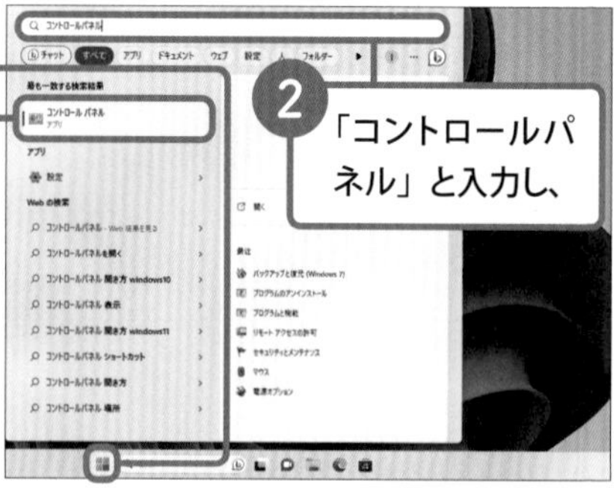

4 コントロールパネルで［ユーザーアカウント］→［Mail（Microsoft Outlook）］をクリックします。

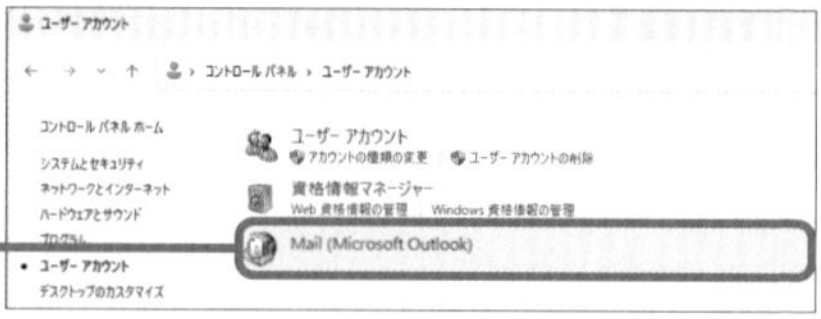

5 ［電子メールアカウント］をクリックし、

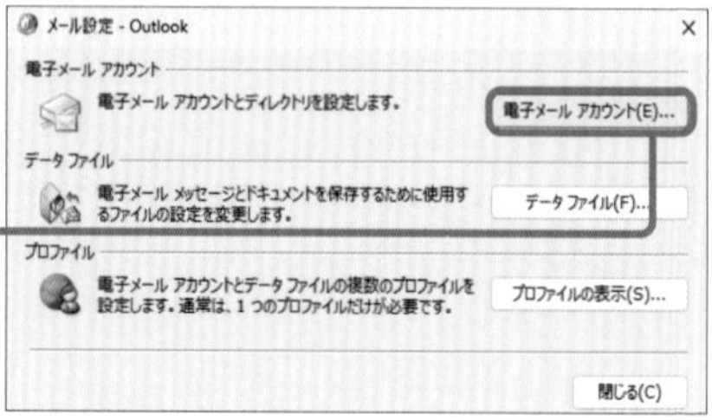

6 ［アカウント］設定画面で［新規］をクリックします。

7 ［自分で電子メールやその他のサービスを使うための設定をする］をクリックし、

8 ［次へ］をクリックします。

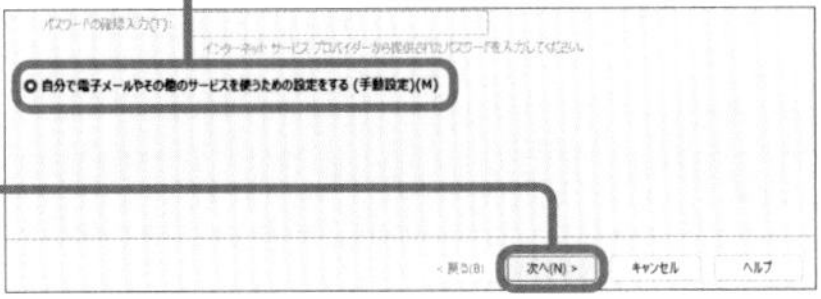

9 アカウントの種類（ここでは［POP または IMAP］）を選択し、

10 ［次へ］をクリックします。

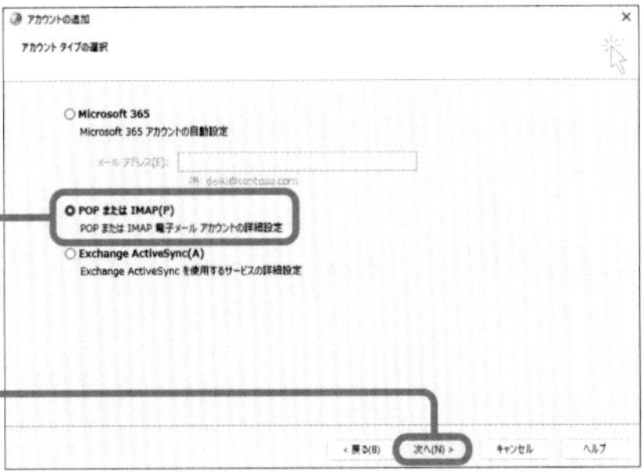

11 ユーザー情報やサーバー情報を入力し、

12 ［次へ］をクリックし、［閉じる］→［完了］をクリックします。

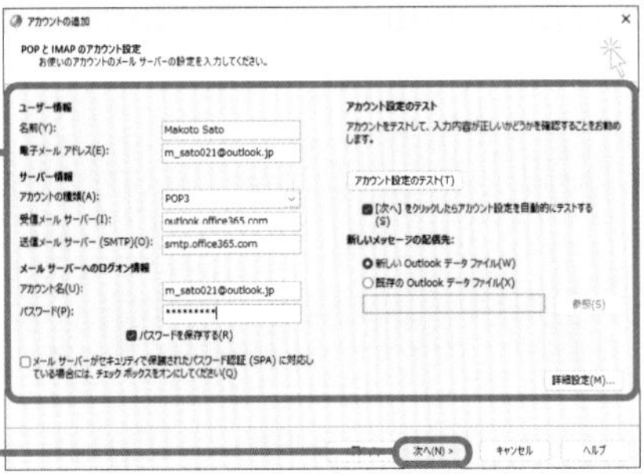

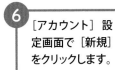

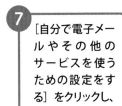

Section
57
Outlookが動作を停止して起動しなくなった

Outlook 2021が起動しなくなった場合は、まずはパソコンを再起動しましょう。再起動しても解決しない場合は、セーフモードで起動したり、WindowsやOfficeを最新バージョンに更新したりしてみましょう。

1 セーフモードで起動してみよう

1 Outlook 2021が起動していない状態で、⊞＋R を押し、

2 「Outlook /safe」と入力して、

3 ［OK］をクリックします。

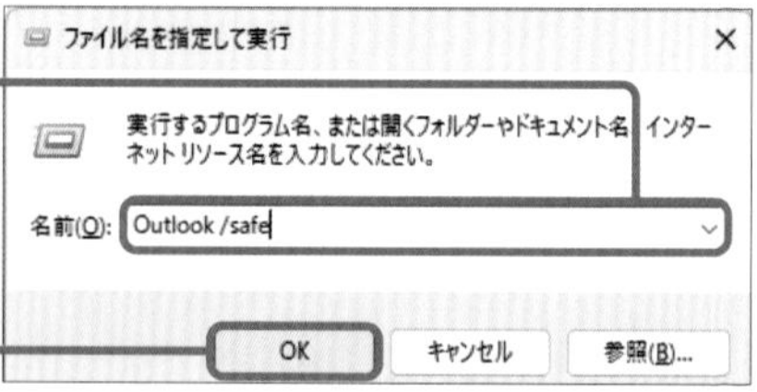

4 ［OK］をクリックすると、

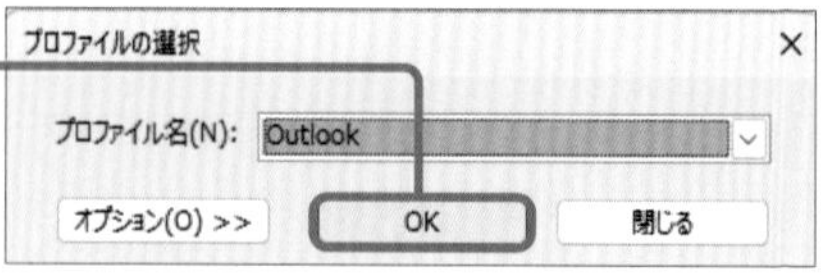

5 Outlook 2021がセーフモードで起動します。

6 ［閉じる］をクリックして終了します。

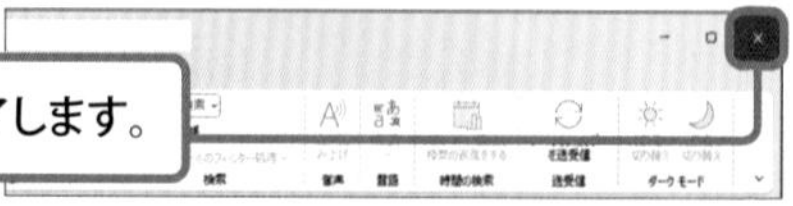

7 スタートメニューなどから、Outlook 2021が通常通り起動するか確認します。

2 更新プログラムを適用しよう

1 ほかの Office アプリ（ここでは Excel）を起動します。

2 ［アカウント］をクリックし、

3 ［更新オプション］をクリックします。

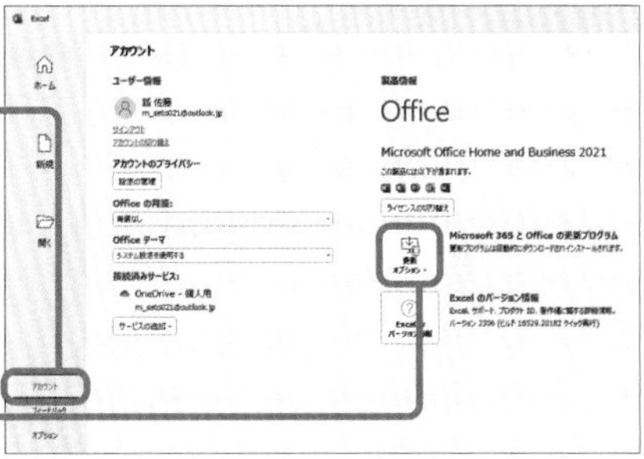

4 ［今すぐ更新］をクリックします。

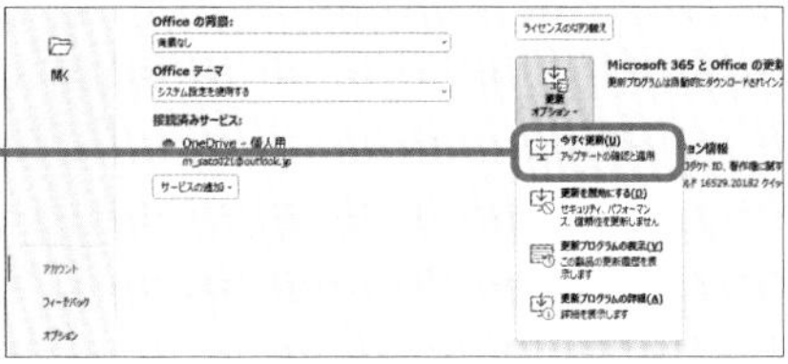

5 更新プログラムがある場合は、「Office 更新プログラムを入手できます」と表示されるので、［はい］→［続行］をクリックします。

6 ［閉じる］をクリックします。

7 スタートメニューなどから、Outlook 2021が通常通り起動するか確認します。

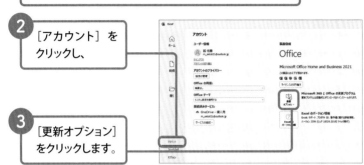

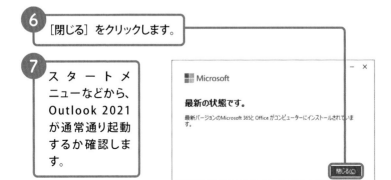

Section

58 データファイルが壊れてしまった

何らかの理由でOutlookのデータファイルが壊れてしまい、受信トレイにメールが正常に表示されない場合は、データファイルを修復しましょう。「受信トレイ修復ツール」を実行すると、データファイルを復旧できます。

1 データファイルの保存場所を確認しよう

1 ［ファイル］タブをクリックし、Backstageビューを表示します。

2 ［アカウント設定］をクリックし、

3 ［アカウント設定］をクリックします。

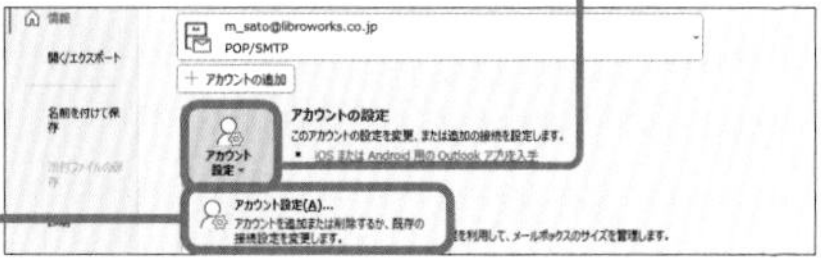

4 ［データファイル］タブをクリックして、

5 ［ファイルの場所を開く］をクリックすると、

6 エクスプローラーで、データファイルの保存場所が表示されます。

7 ［もっと見る］をクリックして、

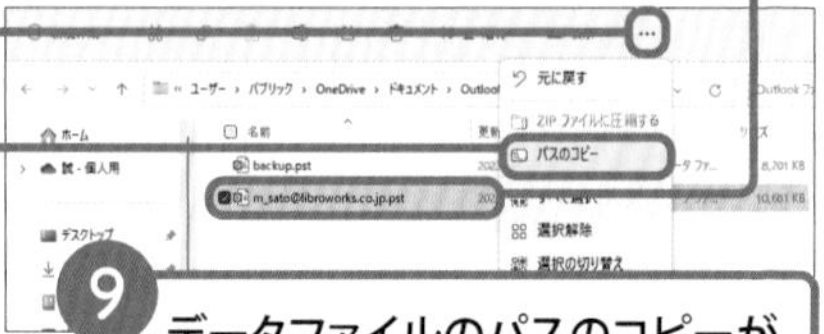

8 ［パスのコピー］をクリックすると、

9 データファイルのパスのコピーがクリップボードに保存されます。

2 受信トレイ修復ツールを実行しよう

1 以下の場所にある「SCANPST.EXE」をダブルクリックして起動します。

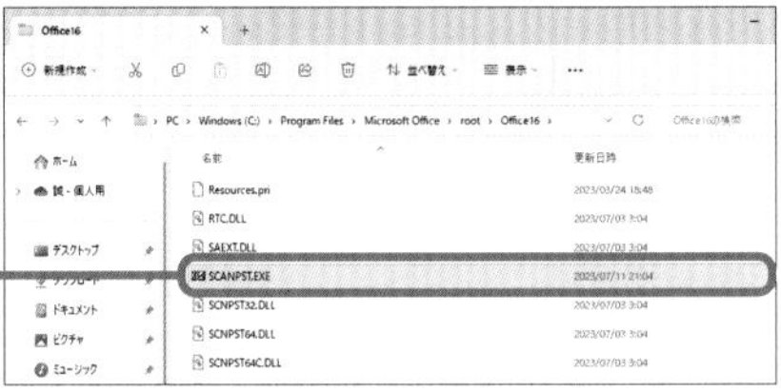

C:\Program Files\Microsoft Office\root\Office16\SCANPST.EXE

2 「Microsoft Outlook 受信トレイ修復ツール」が起動します。

3 ここを右クリックし、［貼り付け］をクリックして、160ページの手順❽でコピーしたファイルのパスを貼り付け、

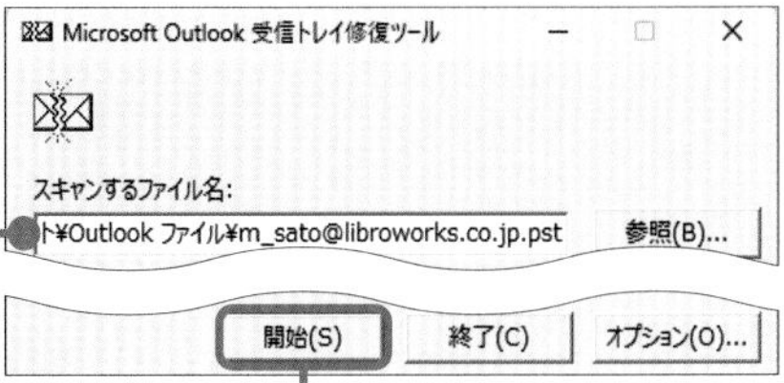

4 ［開始］をクリックします。

5 ［修復］をクリックすると、データの修復が始まります。

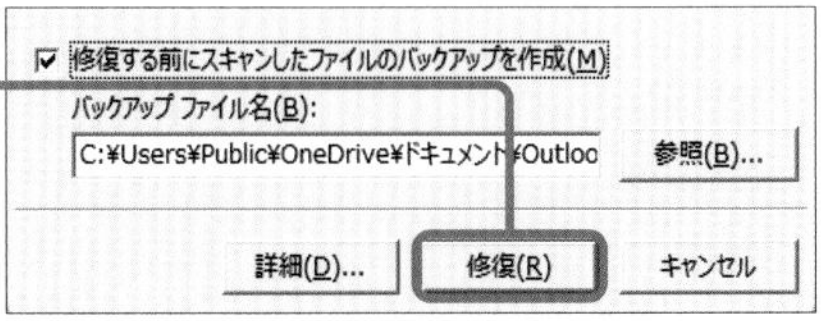

6 ［OK］をクリックして、表示を閉じます。

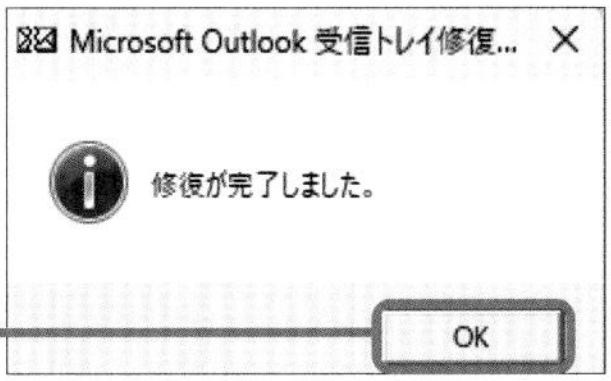

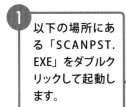

Section
59 送信トレイにメールが残ったまま送信されない

メールを作成し、[送信] をクリックしてもメールが送信できない場合は、[オフライン作業] が有効になっていないか確認しましょう。

1 オフライン作業を解除しよう

1 [送受信] タブをクリックし、

2 [オフライン作業] をクリックしてオフにします。

オフライン作業が有効な場合、メールが [送信トレイ] に表示されたままになります。

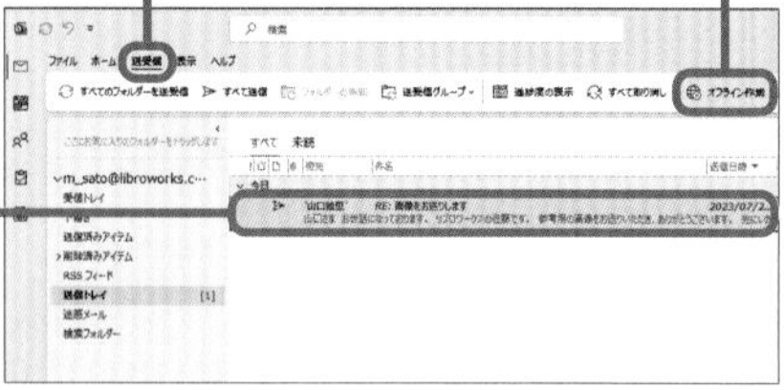

3 送信したいメールをダブルクリックし、

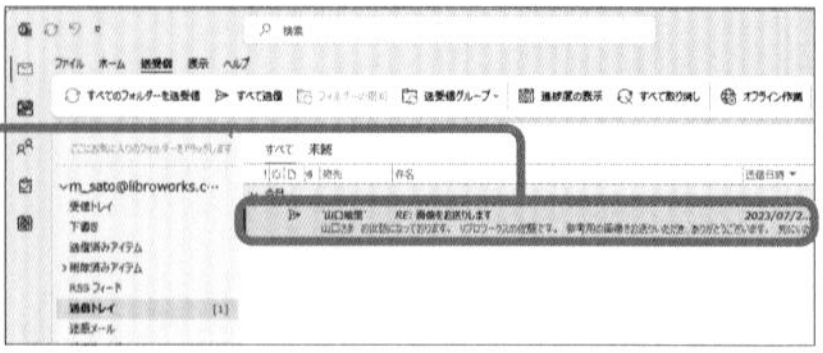

4 [送信] をクリックすると、メールが送信されます。

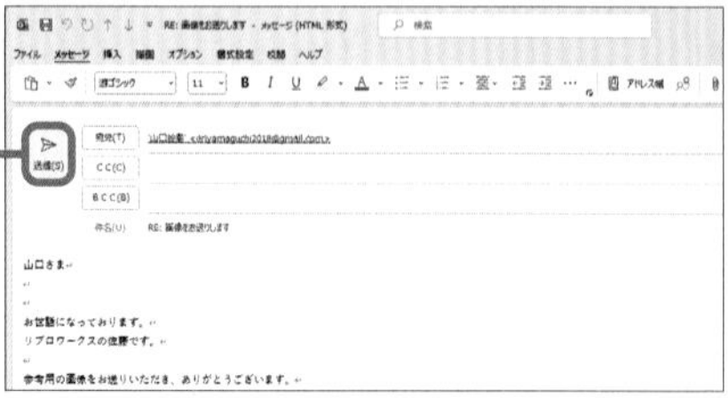

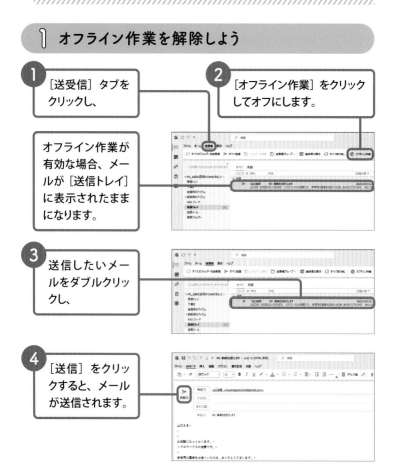

Section 60

アドレス入力時に候補がいっぱい出てきて見づらい

Outlook 2021 では、メールの宛先などにメールアドレスの一部を入力すると、過去に送ったことのあるメールアドレスが宛先候補として表示されます。宛先候補が不要な場合は、表示されないよう設定を変更できます。

1 オートコンプリートをオフにしよう

アドレスの一部を入力すると、自動で宛先候補が表示されます。

1 [ファイル] タブの [オプション] をクリックして、[Outlook のオプション] ダイアログボックスを表示します。

2 [メール] をクリックし、

3 [[宛先]、[CC]、[BCC] に入力するときに……] をクリックしてオフにし、

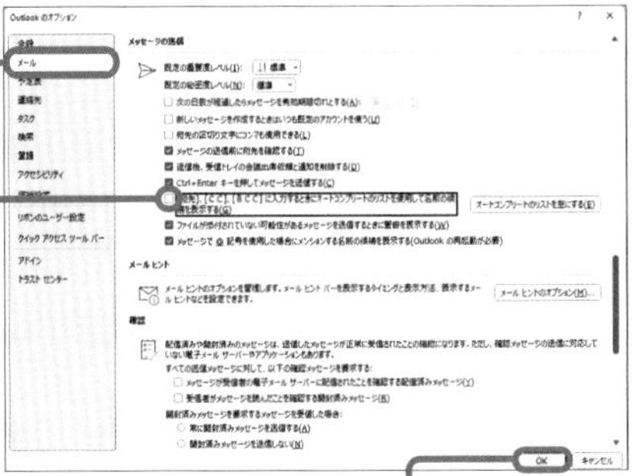

4 [OK] をクリックすると、オートコンプリートがオフになります。

Section
61 受信したメールの画像が表示されない

Outlook 2021は初期状態で、迷惑メール対策としてHTML形式のメールの画像表示をブロックするよう設定されています。画像を一時的に表示するか、画像を常に表示する相手を設定しましょう。

1 表示されていない画像を表示しよう

初期設定では、画像が表示されない設定になっています。

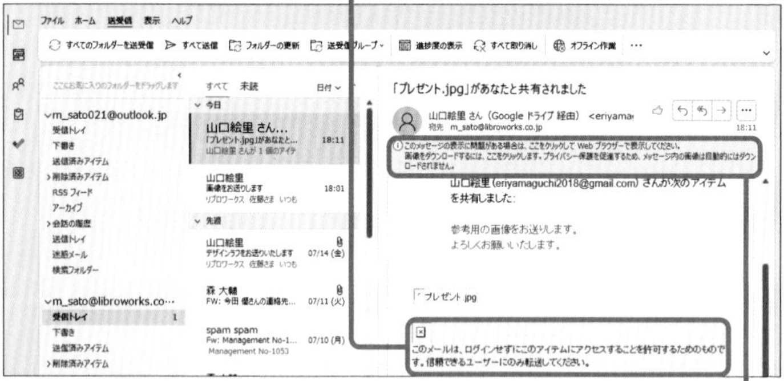

1 画像が表示されていないメールの、［画像をダウンロードするには、ここをクリックします。～］をクリックします。

2 ［画像のダウンロード］をクリックすると、

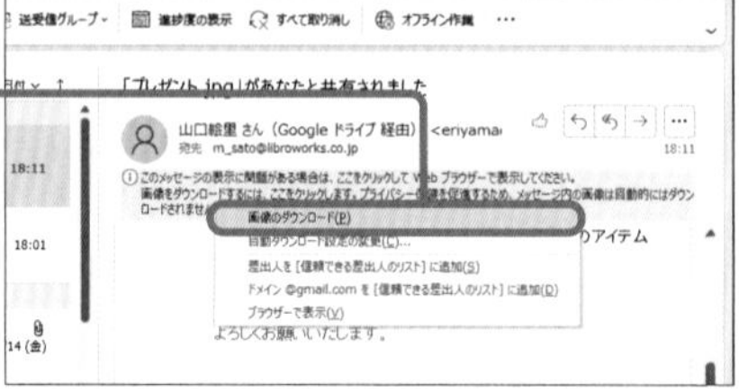

3 画像が表示されます。

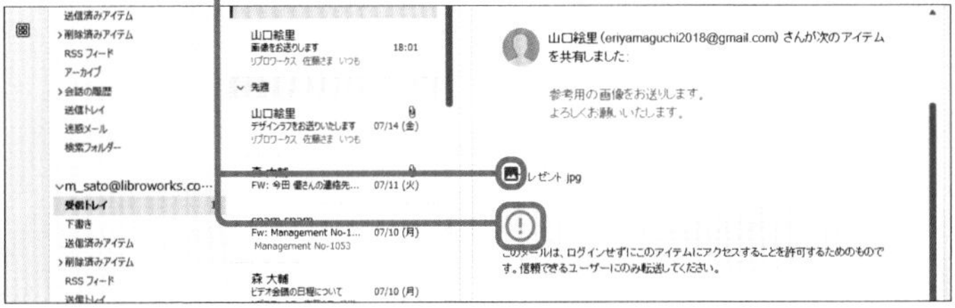

2 特定の相手からのメールの画像を常に表示しよう

1 画像が表示されていないメールの、［画像をダウンロードするには、ここをクリックします……］をクリックします。

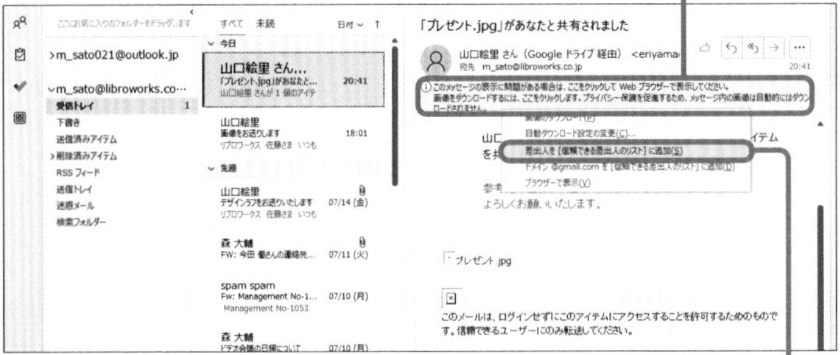

2 ［差出人を［信頼できる差出人のリスト］に追加］をクリックして、

3 ［OK］をクリックします。

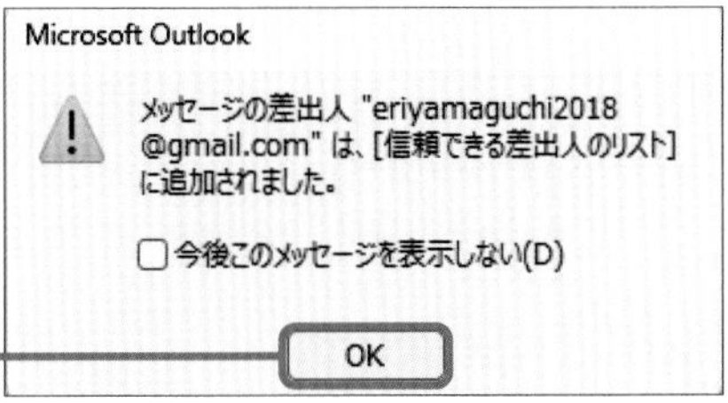

Section
62 メールの検索ができなくなってしまった

目的のメールが検索できない場合は、検索時に利用されている「インデックス」が作成中だったり、壊れていたりする可能性があります。インデックスの作成状況の確認や、インデックスの再構築を試してみましょう。

1 インデックスの作成状況を確認しよう

1 Outlookの検索ボックスをクリックし、

2 ［その他のコマンド］ … をクリックして、

3 ［検索ツール］にマウスポインターを合わせて、

4 ［インデックスの状況］をクリックします。

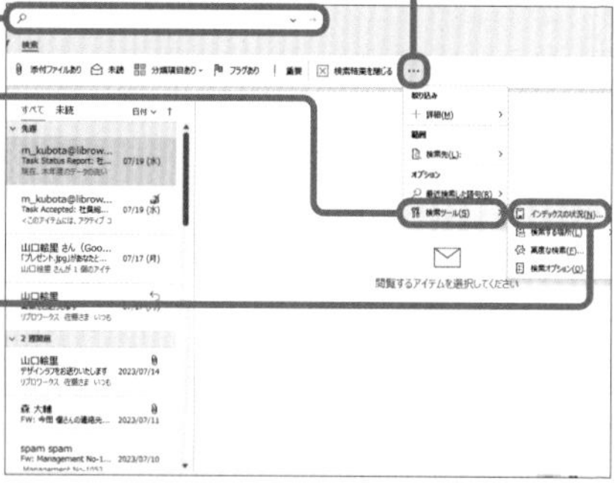

5 「すべてのアイテムのインデックス処理が完了しました。」と表示されていれば、インデックスの作成は完了しています。

Memo

インデックスとは

インデックスとは、メールのデータ内にある用語を集めてカタログ化し、短時間で検索できるようにする機能です。

2 インデックスを再構築しよう

1 ［ファイル］タブの［オプション］をクリックして、［Outlook のオプション］ダイアログボックスを表示します。

2 ［検索］をクリックし、

3 ［インデックス処理のオプション］をクリックします。

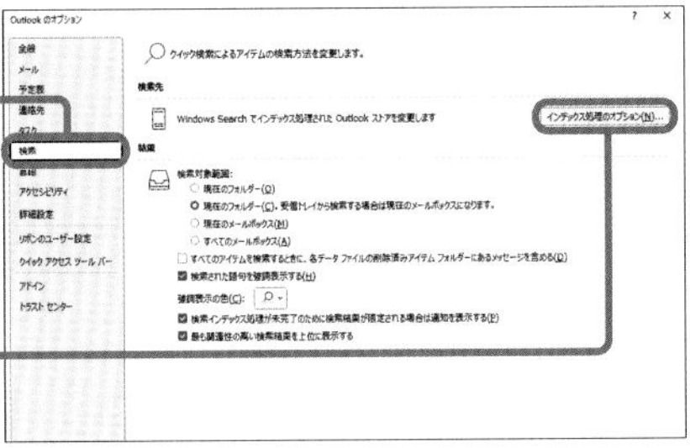

4 ［詳細設定］をクリックします。

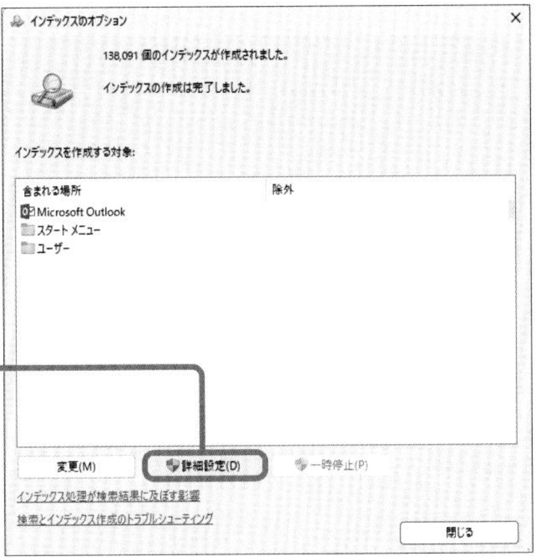

5 ［ファイルの種類］タブをクリックして、

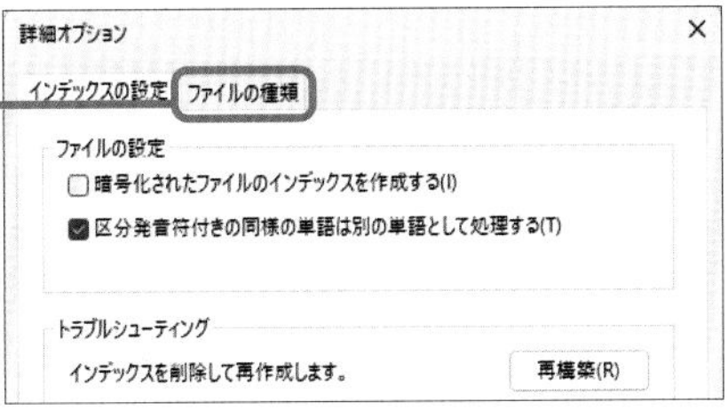

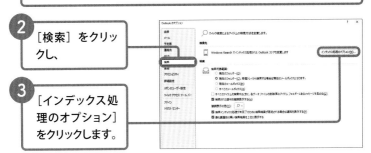

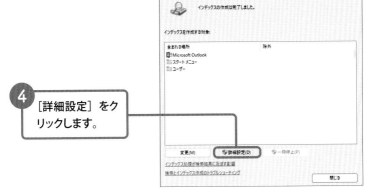

6 拡張子の一覧で[eml]、[msg]、[ost]、[pst]がオンになっているか確認し、オフの場合はクリックしてオンにします。

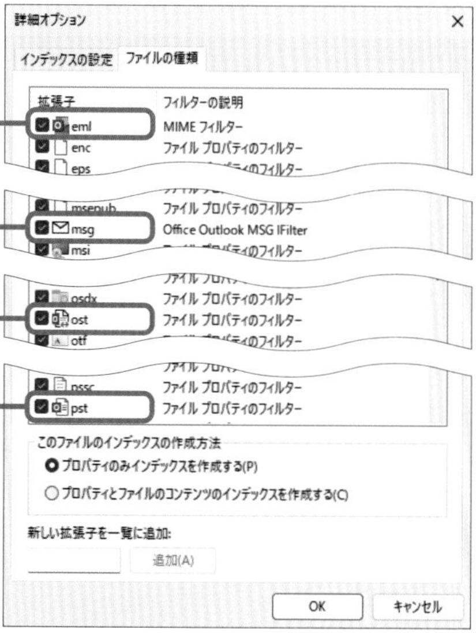

7 [インデックスの設定] タブをクリックし、

8 [再構築] をクリックして、

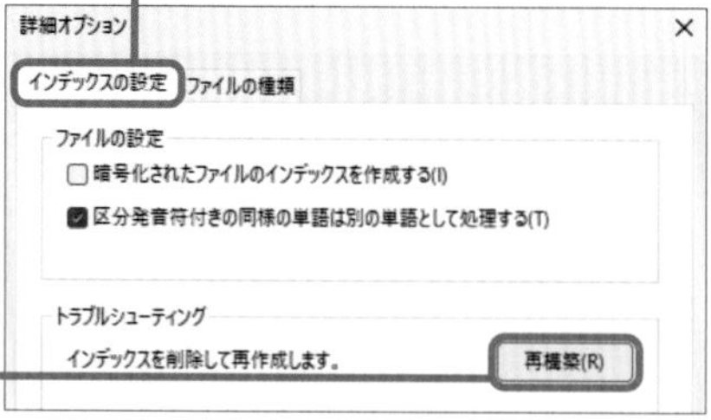

Hint

Outlookで使用するファイルの拡張子

手順❻で確認するのは、Outlook 2021 のインデックスで使用するファイルの拡張子です。これらの拡張子をオンにした状態でインデックスを作成しないと、メールを検索しても表示されない可能性があります。

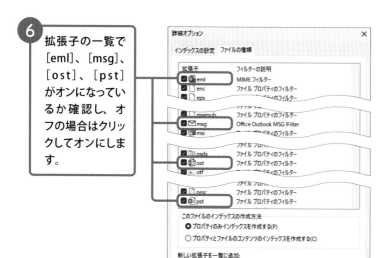

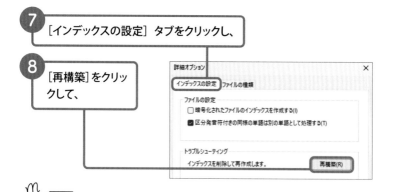

9 ［OK］をクリックすると、

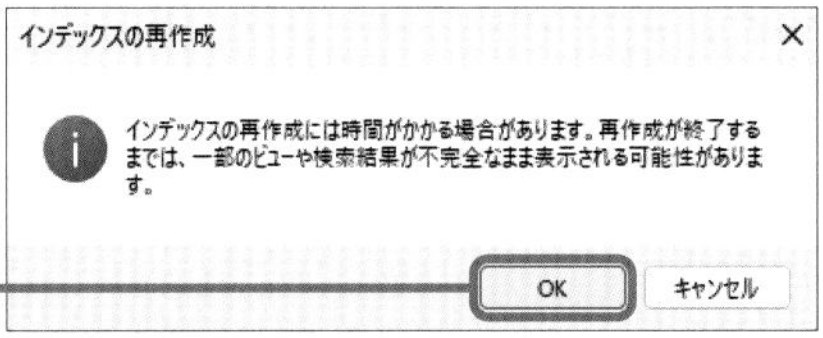

10 インデックスの再構築が開始されます。

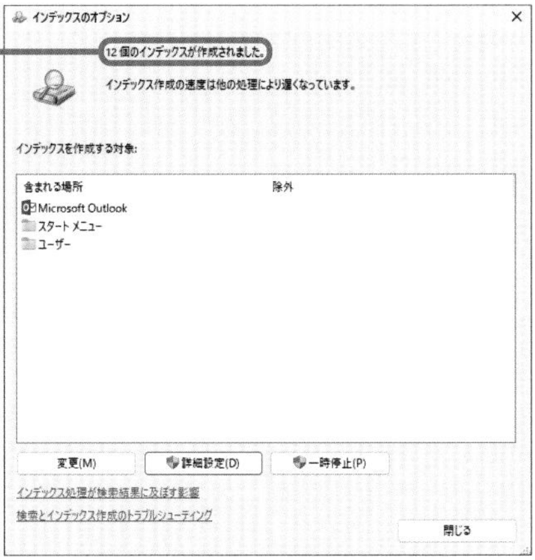

11 「インデックスの作成は完了しました。」と表示されたら、

12 ［閉じる］をクリックしてウィンドウを閉じます。

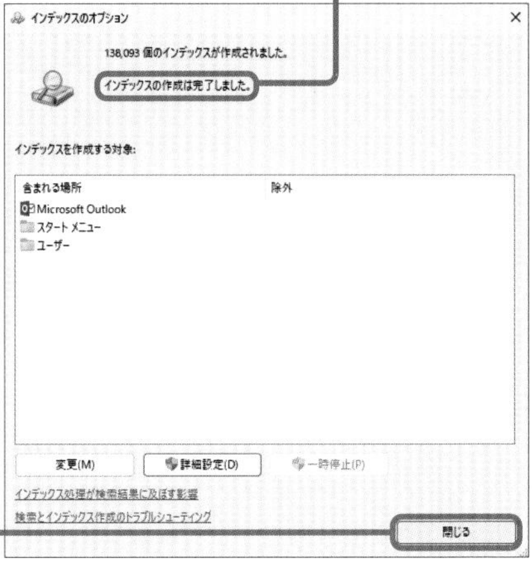

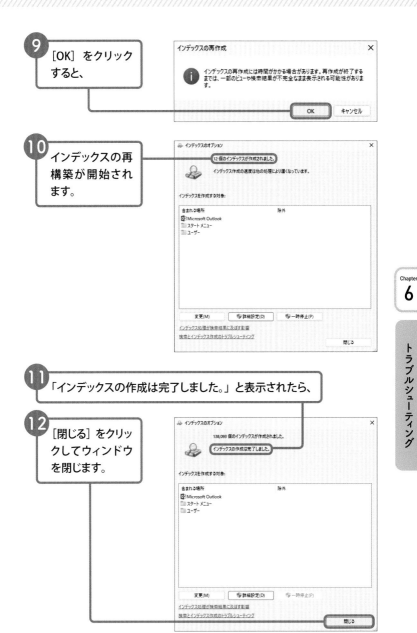

Section
63

OutlookでTeamsの会議が作成できない

Outlook 2021 上から Teams の会議が作成できない場合は、Teams のアドインが有効になっているか確認しましょう。アドインは、BackStage ビューの［オプション］から確認できます。

1 Teamsのアドインを有効にしよう

Teams のアドインが無効になっていると、［予定表］の［ホーム］タブをクリックしても、［新しい Teams 会議］が表示されません。

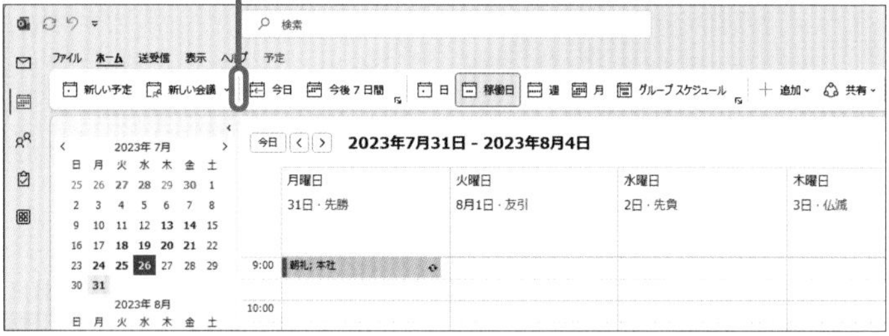

1 ［ファイル］タブをクリックして、

2 ［オプション］をクリックします。

3 ［Outlook のオプション］ダイアログボックスで［アドイン］をクリックし、

4 「アクティブでないアプリケーションアドイン」に［Microsoft Teams Meeting Add-in for Microsoft Office］が表示されていることを確認します。

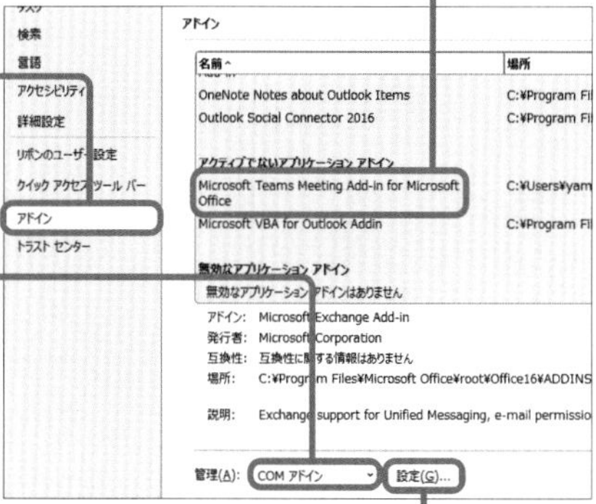

5 ［COM アドイン］が選択している状態で、

6 ［設定］をクリックします。

7 ［Microsoft Teams Meeting Add-in for Microsoft Office］のチェックボックスをクリックしてオンにし、

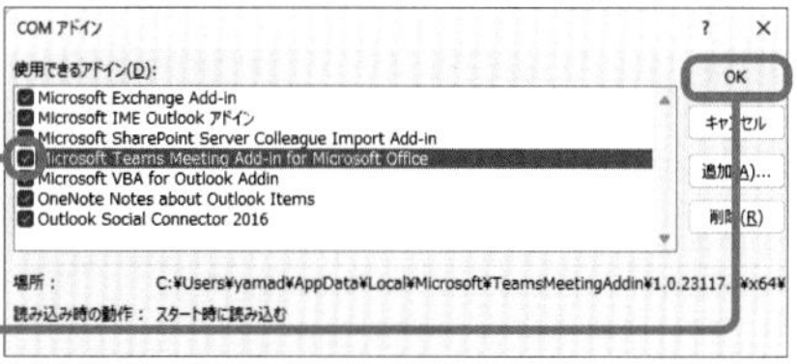

8 ［OK］をクリックします。

9 ［予定表］の［ホーム］タブをクリックすると、［新しい Teams 会議］が追加されています。

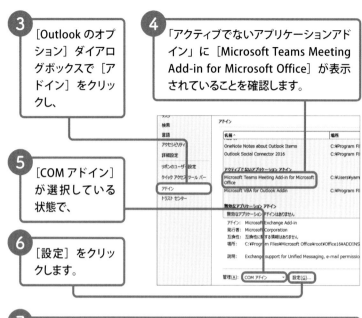

Section 64

前バージョンのメールや連絡先を引き継ぎたい

Backstage ビューの［インポート / エクスポート］では、前バージョンのメールや連絡先、予定表のデータを出力（エクスポート）できます。Outlook 2021 で取り込めば、かんたんにデータが移行可能です。

1 データをバックアップ（エクスポート）しよう

1 ［ファイル］タブをクリックして、Backstage ビューを表示します。

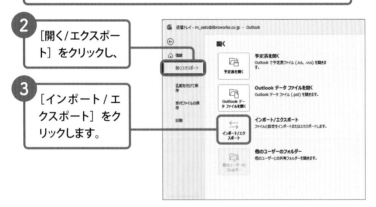

2 ［開く/エクスポート］をクリックし、

3 ［インポート / エクスポート］をクリックします。

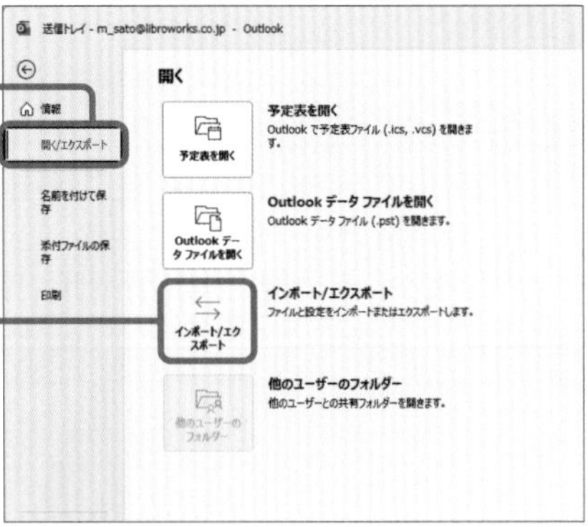

4 ［ファイルにエクスポート］をクリックし、

5 ［次へ］をクリックします。

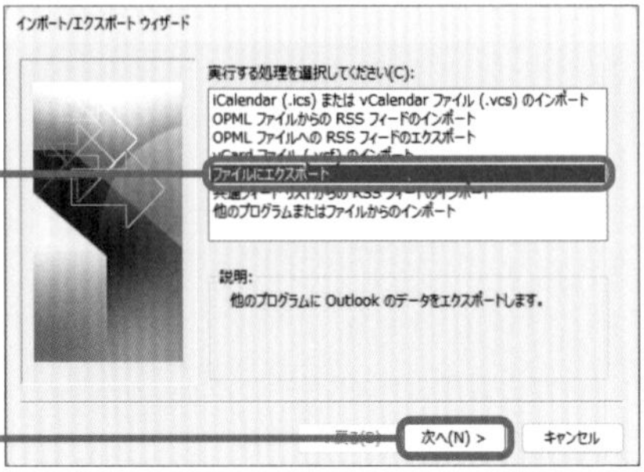

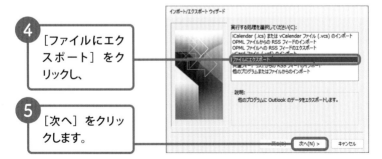

6 ［Outlook データファイル］をクリックし、

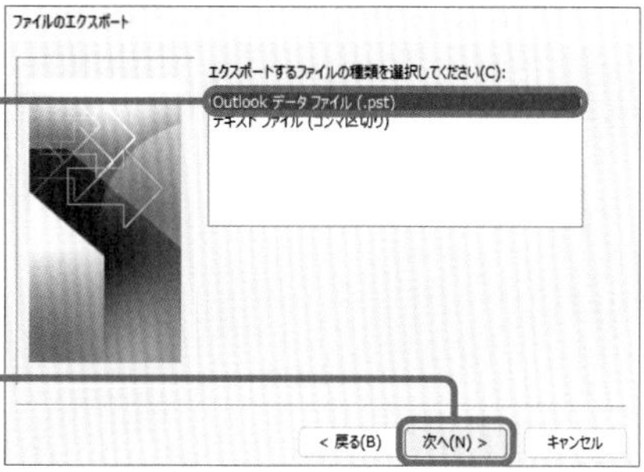

7 ［次へ］をクリックします。

8 アカウントを選択し、

9 ［サブフォルダーを含む］をクリックしてオンにして、

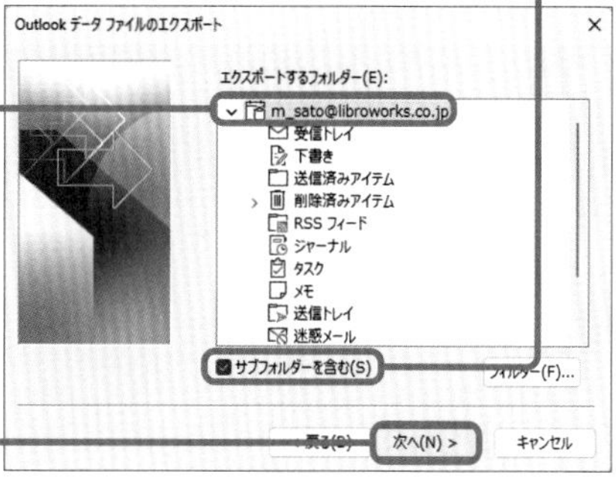

10 ［次へ］をクリックします。

Memo

データファイルの拡張子

Outlook のデータファイルの拡張子は .pst です。

Memo

バックアップファイルの保存先

ここでは、USB ドライブにデータを保存しています。デスクトップなどに保存してからコピーしてもかまいません。

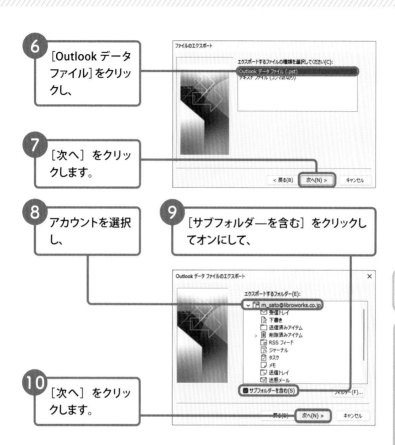

11 ［参照］をクリックします。

12 保存先（ここではUSBドライブ）をクリックし、

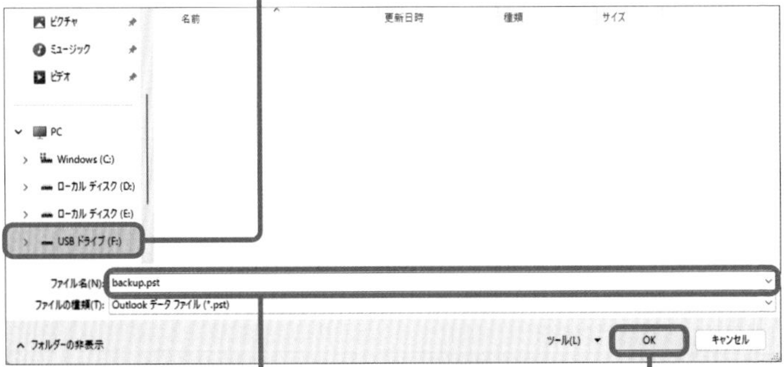

13 ファイル名を入力して、

14 ［OK］をクリックします。

15 保存先を確認し、

16 ［完了］をクリックします。

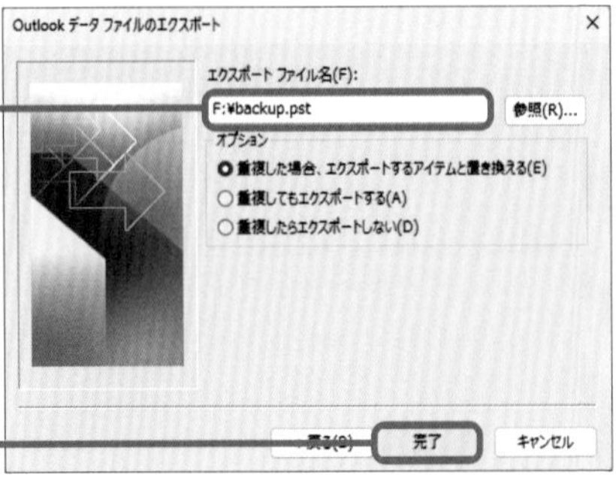

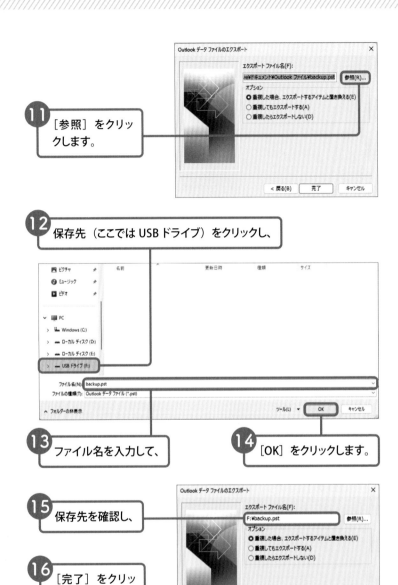

17 任意の同じパスワードを入力し、

18 ［OK］をクリックします。

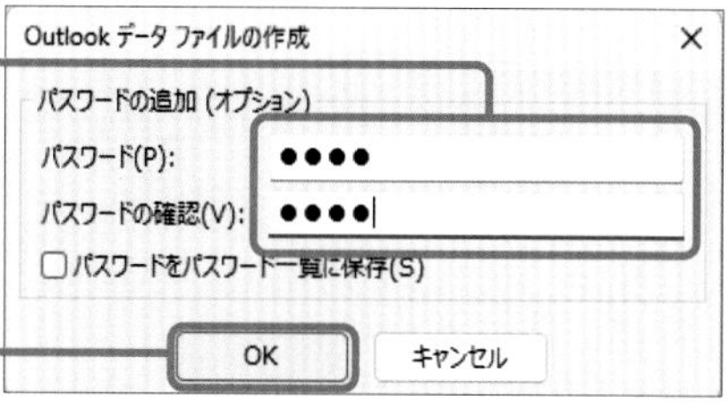

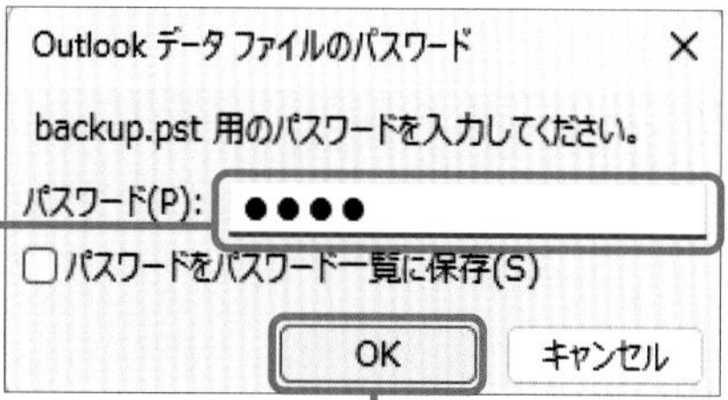

19 手順⑰で入力したパスワードを入力し、

20 ［OK］をクリックすると、ファイルが保存されます。

2 バックアップデータを復元（インポート）しよう

1 ［ファイル］タブをクリックして、Backstage ビューを表示します。

2 ［開く/エクスポート］をクリックし、

3 ［インポート/エクスポート］をクリックします。

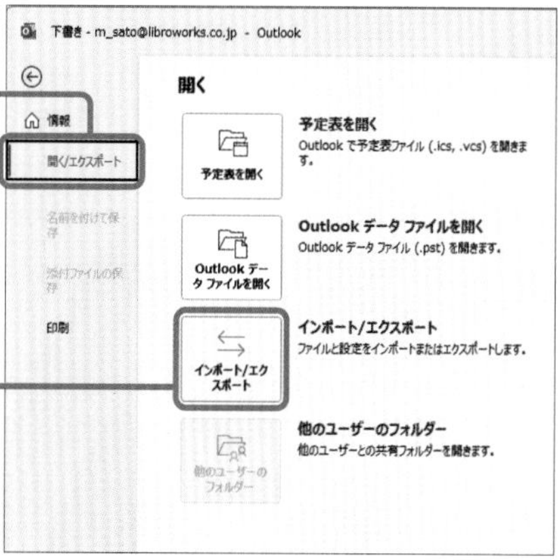

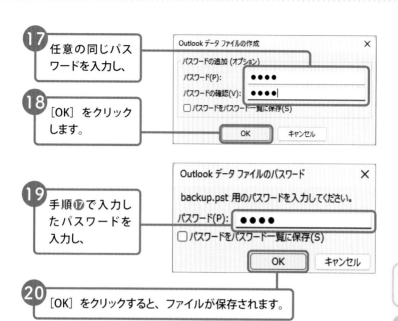

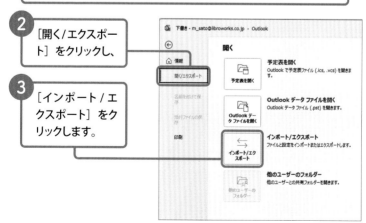

4 ［他のプログラムまたはファイルからのインポート］をクリックし、

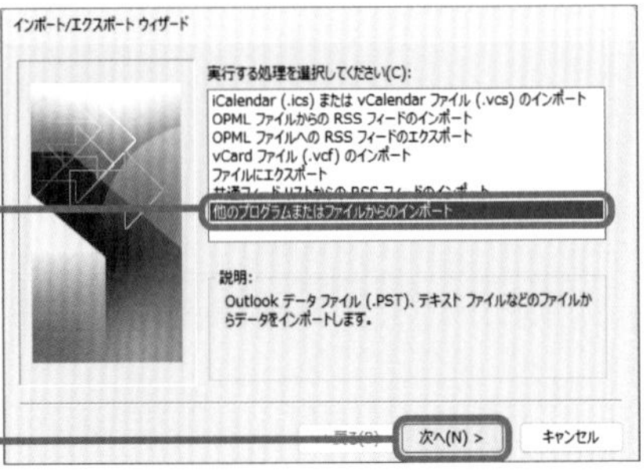

5 ［次へ］をクリックします。

6 ［Outlook データファイル］をクリックし、

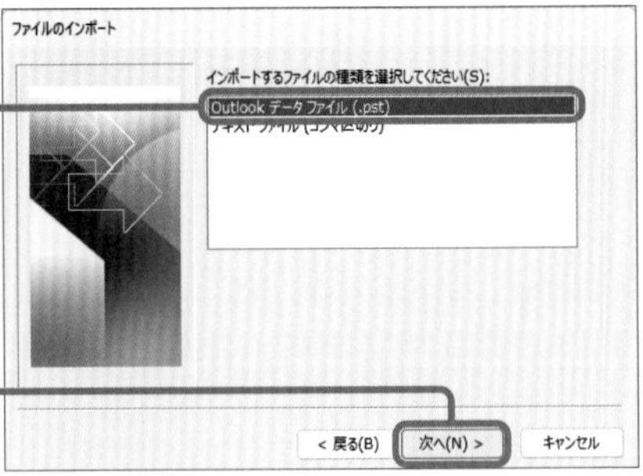

7 ［次へ］をクリックします。

Memo

インポートするファイルの種類

ここではOutlook全体のバックアップデータから復元するので、手順❻で［Outlook データファイル（.pst）］をクリックしています。連絡先をCSV形式で書き出した場合は、［テキストファイル（カンマ区切り）］をクリックしましょう。

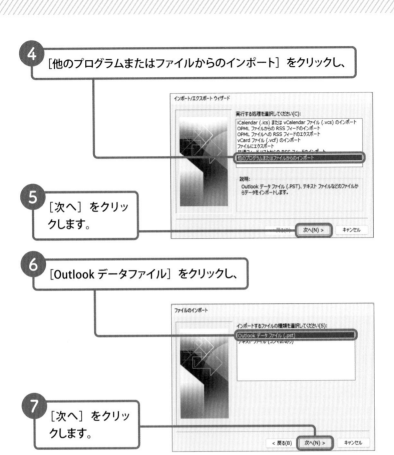

8 ［参照］をクリックします。

9 バックアップファイルの保存先（ここではUSBドライブ）をクリックし、

10 バックアップファイルをクリックして、

11 ［開く］をクリックします。

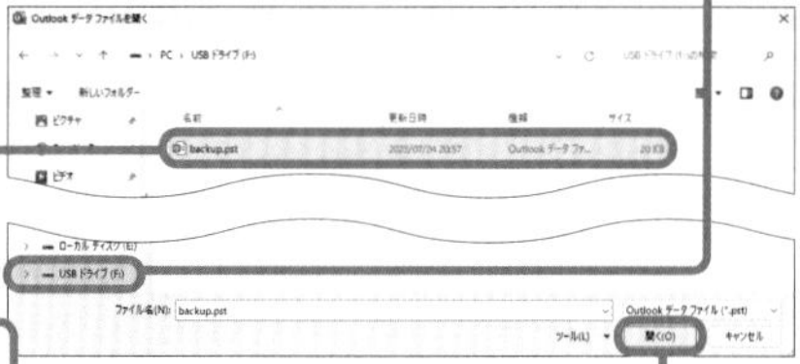

12 バックアップファイルを確認し、

13 ここが選択されていることを確認して、

14 ［次へ］をクリックします。

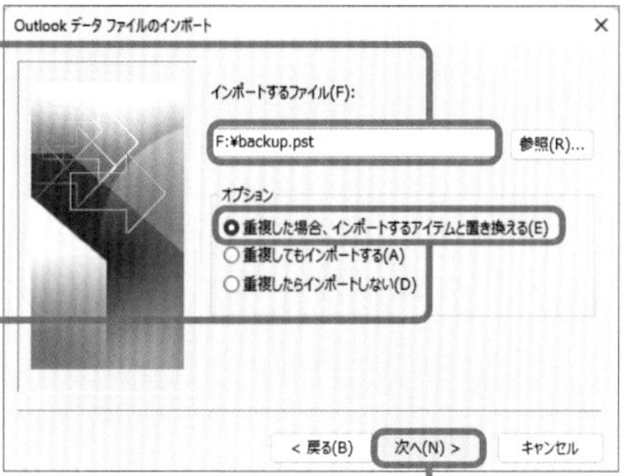

Memo

インポートのオプション

手順⑬では、［重複した場合、インポートするアイテムと置き換える］を選択しています。同じデータがある場合、インポートしたデータによって元のデータがすべて上書きされます。

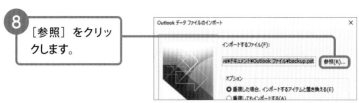

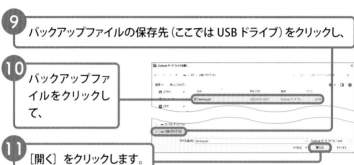

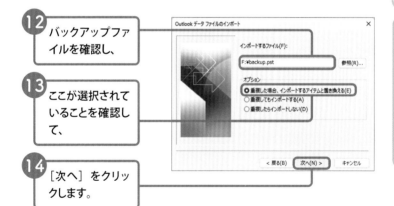

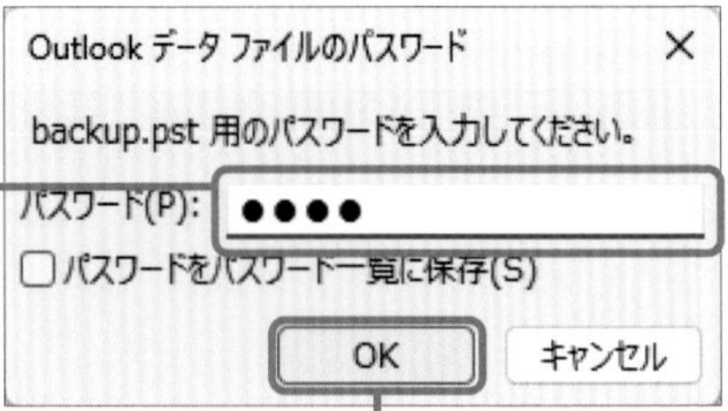

15 保存時に設定したパスワードを入力し、

16 [OK] をクリックします。

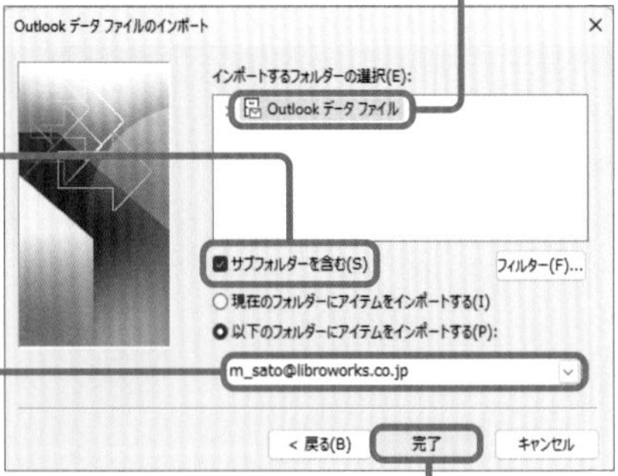

17 [Outlook データファイル] をクリックし、

18 ここがオンになっていることを確認して、

19 インポート先のメールアカウントを選択し、

20 [完了] をクリックすると、

Memo

バックアップデータのパスワード

ここでは、バックアップファイルの保存時にパスワードを設定しました。パスワードの設定時に何も入力しないと、パスワードの設定は省略されます。ただし、Outlook のデータには多くの個人情報が記録されているので、第三者が閲覧できないように、パスワードは必ず設定しましょう。

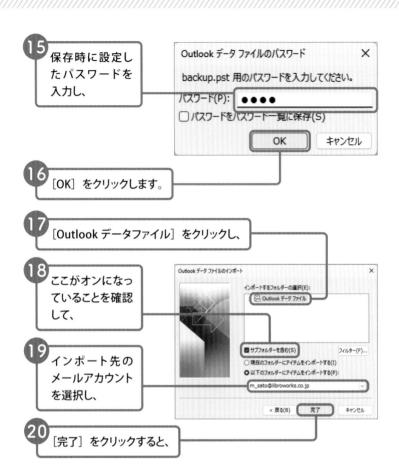

21 バックアップデータのインポートが完了します。

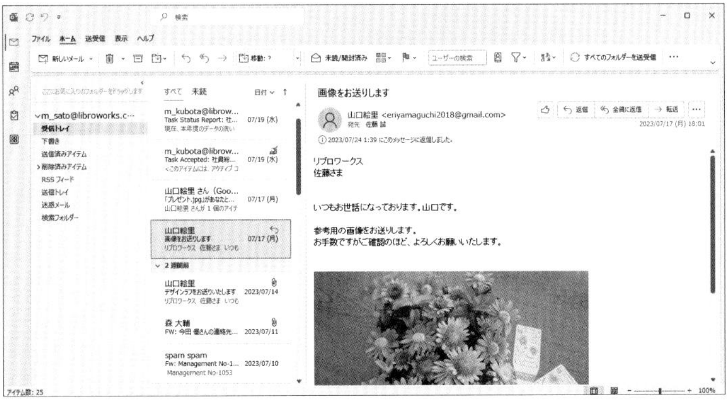

3 インポートファイルを見直してみよう

メールだけがインポートされて、連絡先や予定表などがインポートされていない場合は、それらのデータがエクスポートされていません。173 ページの手順❾で［サブフォルダーを含む］がオンになっているか確認して、エクスポートを実行しましょう。

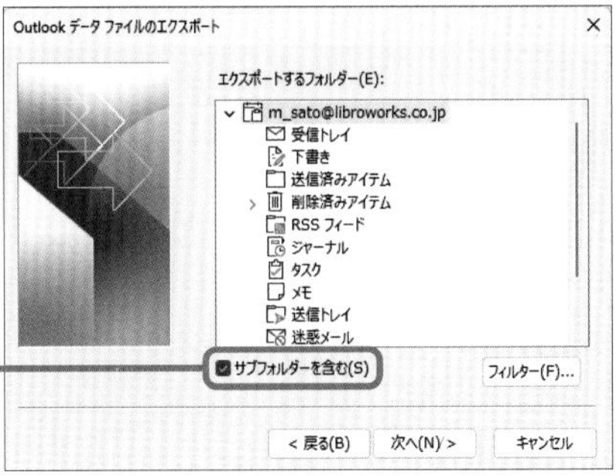

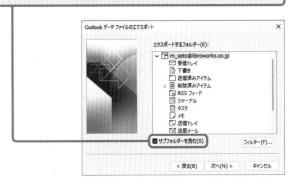

Section

65 Outlookの起動が遅い

Outlook の起動に時間がかかるときは、Outlook のデータファイルを圧縮するほか、不要なアドインを無効にしたり、プロファイルを修復したりすると動作が改善する場合があります。

1 Outlookのデータファイルを圧縮しよう

1 ［ファイル］タブをクリックして、Backstage ビューを表示します。

2 ［情報］をクリックし、

3 ［アカウント設定］をクリックして、

4 ［アカウント設定］をクリックします。

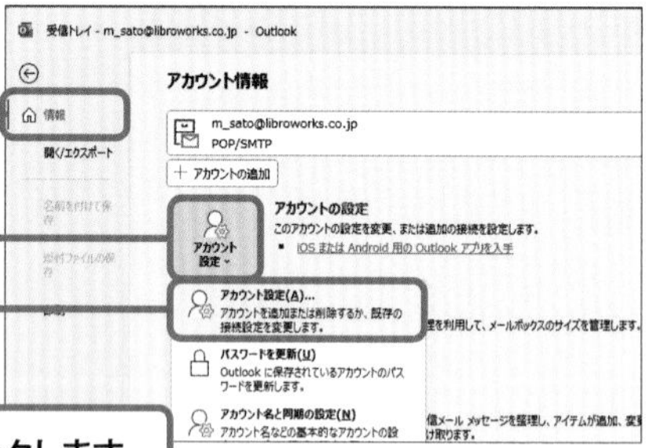

5 ［データファイル］タブをクリックし、

6 アカウントをクリックして、

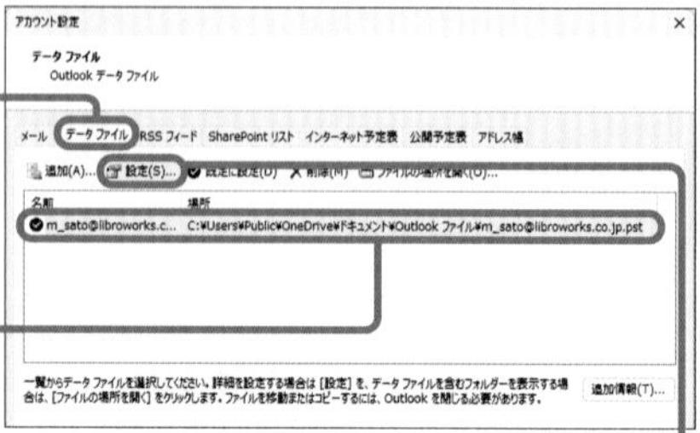

7 ［設定］をクリックします。

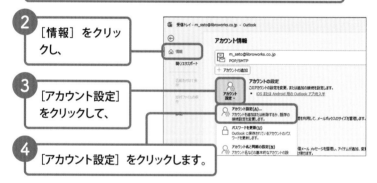

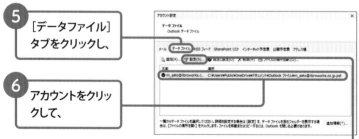

8 ［今すぐ圧縮］をクリックすると、

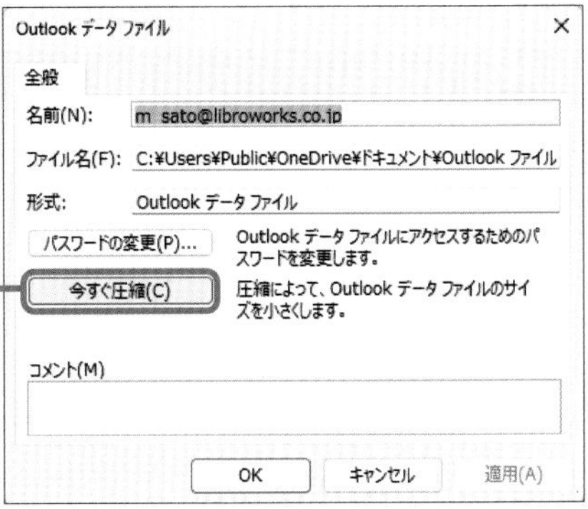

9 圧縮が始まります。

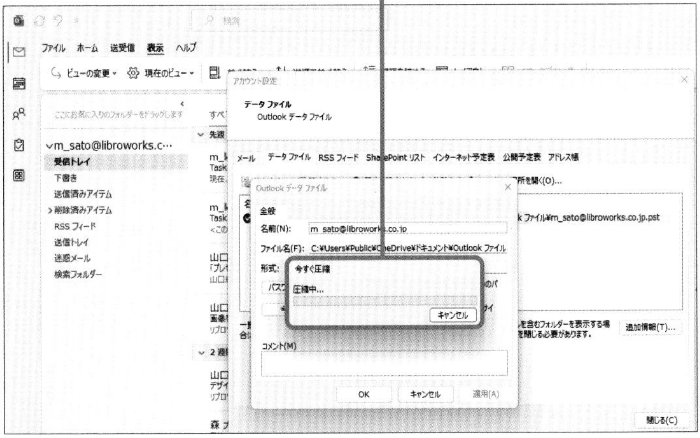

Memo ［Outlook データファイルの設定］ダイアログボックス

使用しているメールアカウントによっては、手順8の画面が［Outlook データファイルの設定］ダイアログボックスになっている場合があります。その場合も、［今すぐ圧縮］をクリックしてください。

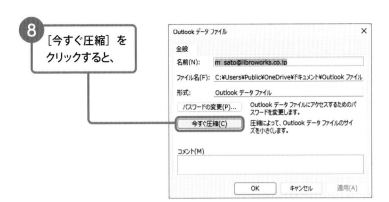

10 圧縮が完了したら［OK］をクリックし、

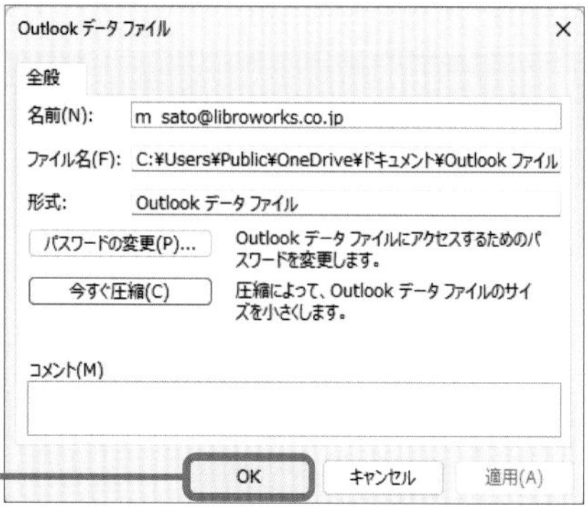

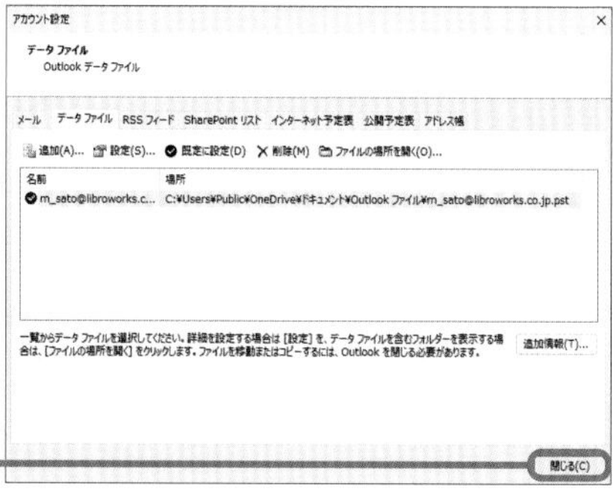

11 ［閉じる］をクリックします。

Memo

圧縮中はOutlookを使用できない

たくさんのデータを保存しているほどOutlookデータファイルのサイズは大きくなり、圧縮にも時間がかかります。圧縮が行われている間はOutlookを使用できないので、圧縮は時間があるときに行いましょう。

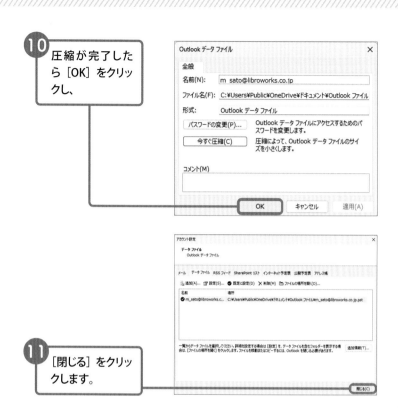

2 不要なアドインを無効にしよう

1 [ファイル] タブの [オプション] をクリックし、[Outlook のオプション] ダイアログボックスを表示します。

2 [アドイン] をクリックし、

3 [設定] をクリックします。

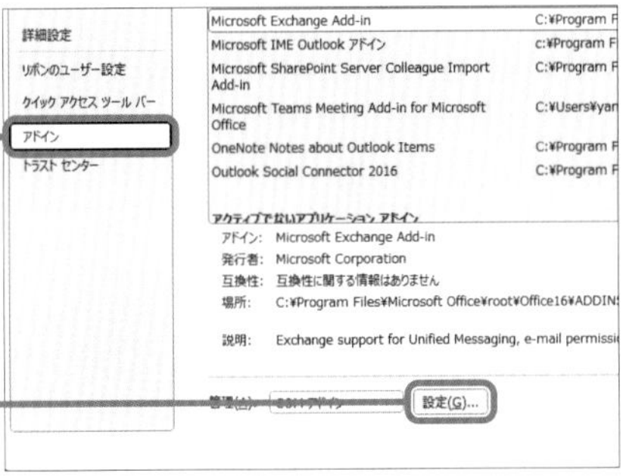

4 不要なアドインのチェックボックスをクリックしてオフにし、

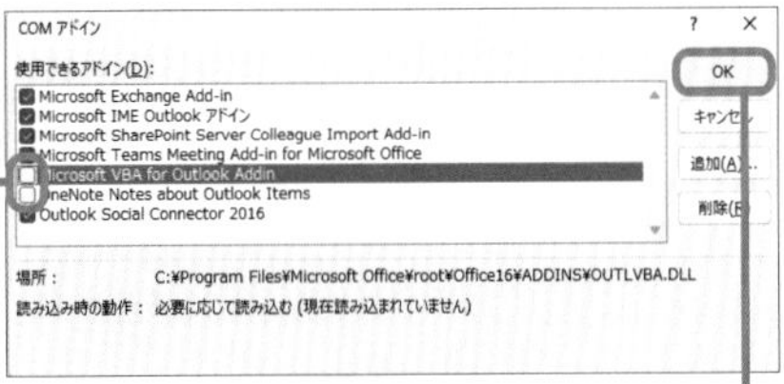

5 [OK] をクリックして、Outlook 2021 を再起動します。

Memo

アドイン

アドインは Outlook の機能を拡張するプログラムです。アドインを無効にすると、Outlook の動作が改善する場合がありますが、逆に支障が出る可能性もあるので注意が必要です。

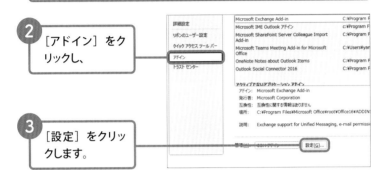

3 Outlookプロファイルを修復しよう

1 ［ファイル］タブをクリックし、［アカウント設定］をクリックします。

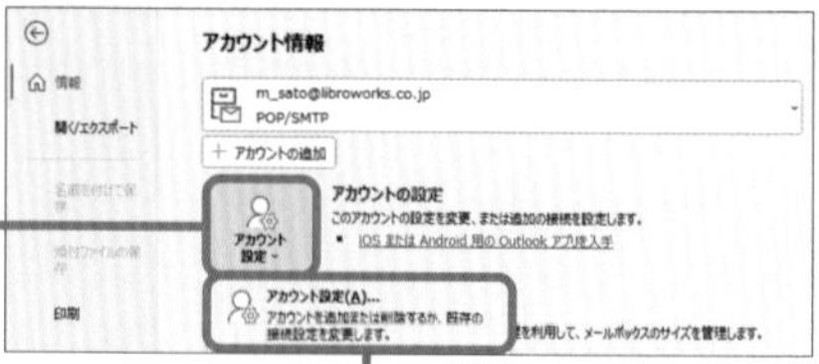

2 ［アカウント設定］をクリックします。

3 ［修復］をクリックし、

プロファイルには、Outlookで使用しているアカウントの情報が記録されています。

4 ［修復］をクリックし、完了のメッセージが表示されたら［完了］をクリックします。

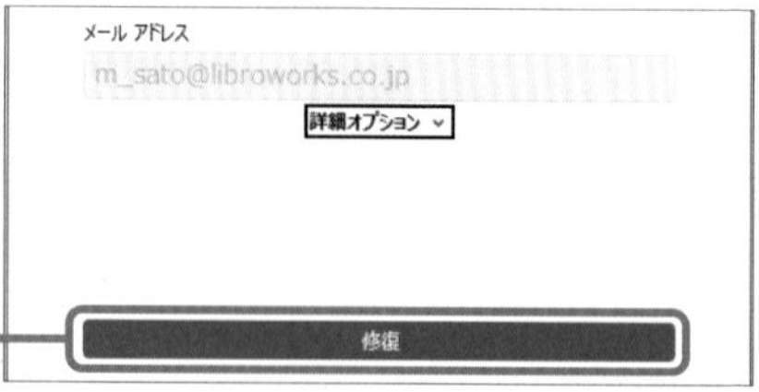

Memo

［削除済みアイテム］を空にする

［削除済みアイテム］フォルダーにメールが大量に保存されていると、Outlookの動作に影響を及ぼすことがあります。［削除済みアイテム］フォルダーは定期的に空にしましょう。

付録

覚えておきたい！Outlook のショートカットキー

Section

1　Outlookのショートカットキーを使いこなそう

Section 1

Outlookのショートカットキーを使いこなそう

Outlook は、マウスを使ったボタン操作でも十分に使えますが、マウスとキーボードの間で手を動かすのは、想像以上に手間がかかります。ショートカットキーを利用すると、より効率的に作業できます。

1 基本のショートカットキーを覚えよう

1 Alt キーを押して（押し続ける必要はありません）、

2 表示されるアルファベットのキーを押すと、各キーに対応するタブに切り替えできます。

3 各タブのメニューに表示されたキーを押すと、そのメニューを選択したり、操作を実行したりできます。

❷で H キーを押した場合は［ホーム］タブに移動。

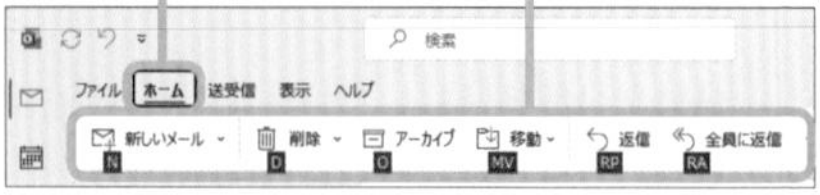

❷で S キーを押した場合は［送受信］タブに移動。

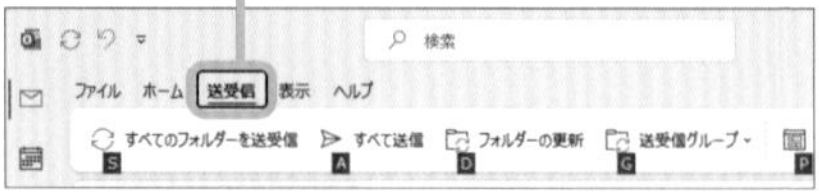

❷で V キーを押した場合は［表示］タブに移動。

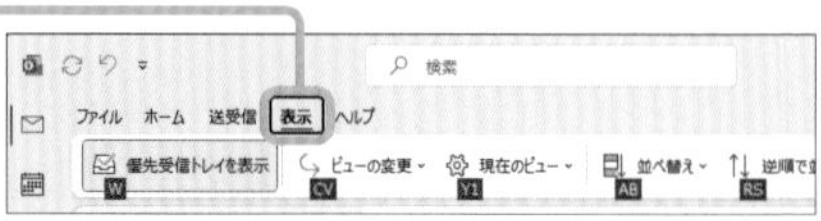

2 入力についてのショートカットキーを覚えよう

1 Tab キーを押すと、

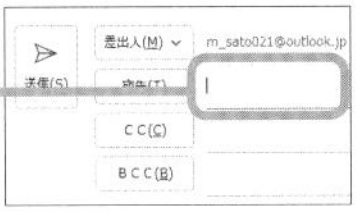

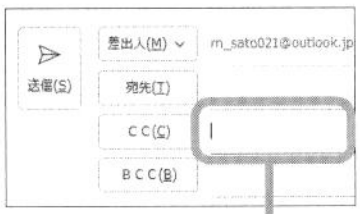

2 カーソルが次の入力欄に移動します。

HTMLメールで、フォントサイズを変更したい部分を選択して Shift + Ctrl + > キーを押すと、フォントサイズが大きくなります（小さくする場合は Shift + Ctrl + < キー）

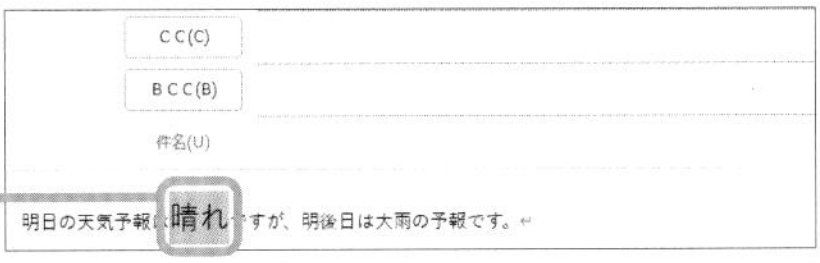

1 HTMLメールで、フォントが不ぞろいな部分を選択して Ctrl + Space キーを押すと、

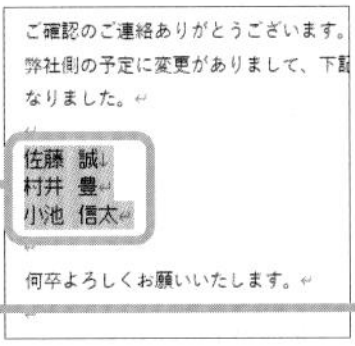

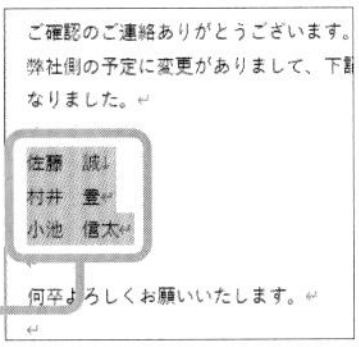

2 メール作成時の標準の書式に統一されます。

英語の文章を書いて F7 キーを押すと、スペルが間違っている単語がチェックされます。

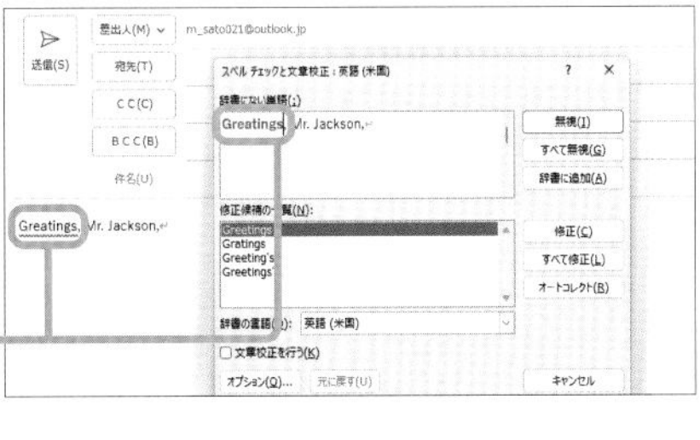

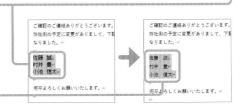

3 画面を開くショートカットキーを覚えよう

1 メール画面を開いた状態で Ctrl + 2 キーを押すと、

2 予定表画面に切り替わります。

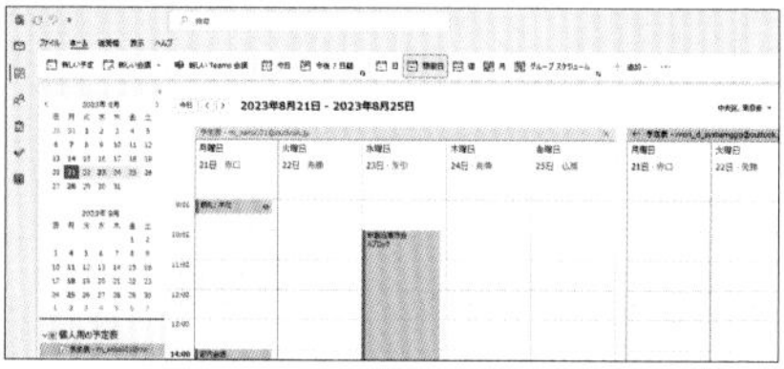

移動先とショートカットキーの対応

Ctrl キーと 1 ～ 4 の組み合わせで移動できる画面は右表の通りです。

ショートカットキー	移動先
Ctrl + 1	メール
Ctrl + 2	予定表
Ctrl + 3	アドレス
Ctrl + 4	タスク

Ctrl + Shift + B キーを押すと、アドレス帳が開きます。

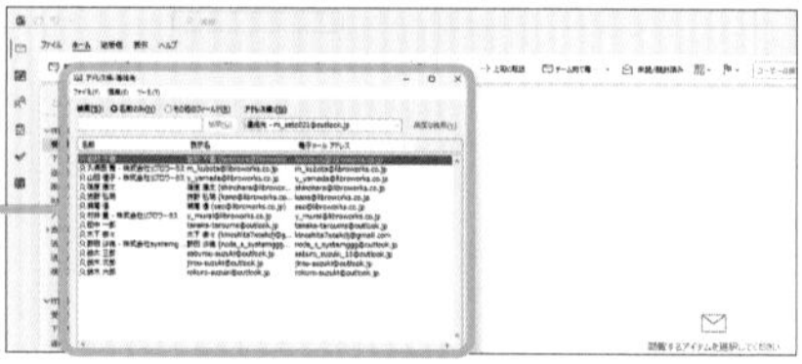

Ctrl + Shift + E キーを押すと、新規フォルダ作成画面が開きます。

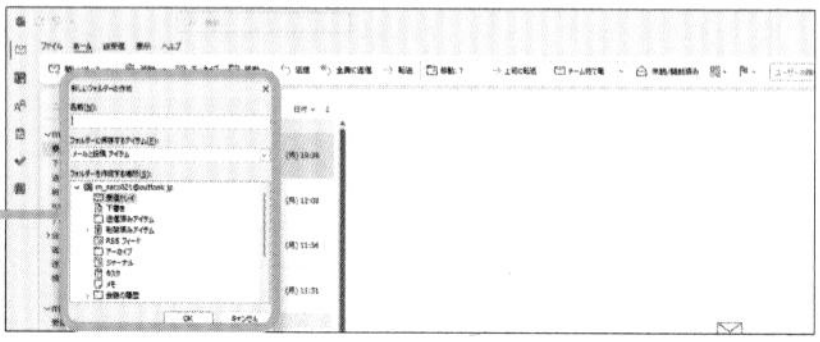

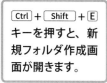

4 検索と置き換えについてのショートカットキーを覚えよう

Ctrl + E キーを押すと、検索ボックスにカーソルが移動します。

Ctrl + Shift + F キーを押すと、[高度な検索] ウィンドウが開きます。

メールの作成などの入力画面で F4 キーを押すと、[検索と置換] ウィンドウが開きます。

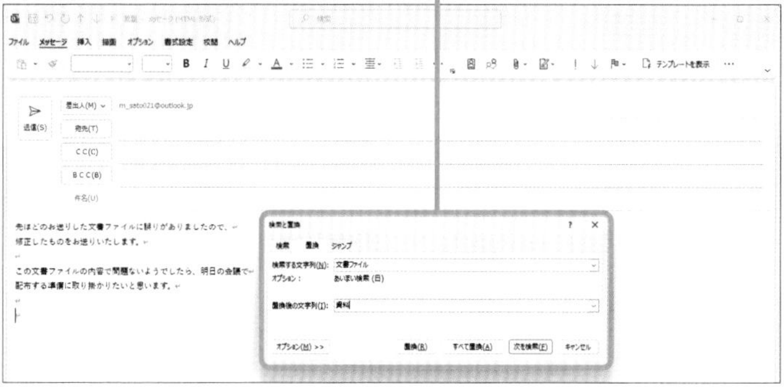

Index

記号・アルファベット

.pst 173
BCC 53
CC 53
CSV 176
Gmail 22
HTML形式 48
IMAP 27
OneDrive 56
Outlook 20
　―の画面構成 28
　―プロファイル 184
Outlook.com 22
POP3 27
SMTP 27
Teams 43
　―のアドイン 170
To Doバーのタスクリスト 118
vCard形式 104
Yahoo! メール 22

あ行

アイテム 28
アクティブ 130
宛先 46
宛先候補 163
アドイン 183
アラーム（タスク） 142
アラーム（予定表） 126
インデックス 166
インポート（バックアップ） 175
インポート（連絡先） 113
エクスポート（バックアップ） 172
エクスポート（連絡先） 110
閲覧ウィンドウ（メール） 28
閲覧ウィンドウ（連絡先） 99
オートコンプリート 163
お気に入り 32
同じ勤務先の登録 97
オフライン作業 162

か行

会議 64
開封済み 70
画像を表示 164
稼働時間 122
稼働日 122
カレンダーナビゲーター 116
既読メール 71
勤務先 94,97
クイック操作 60
検索 74
件名 30
更新プログラム 159
今後7日間 131
コントロールパネル 156

さ行

削除（メール） 88
削除済みアイテム 88,184
下書き 54
自動保存 90
終日の予定 117
重要度 80
祝日 120
受信拒否リスト 83
受信トレイ 30
出席依頼 64
署名 62
仕分けルール 86
進捗状況 119,153
信頼できる差出人のリスト 165
ステータスバー 28
スレッドビュー 84
セーフモード 158
送信 47
送信済みアイテム 47
送信トレイ 47

た行

タイトルバー 28
タイムバー 116,123
タスク 118
　—と予定表の違い 141
　—の依頼 152
　—の完了 141
　—の進捗状況の変更 153
　—の登録 140
　—を予定表に登録 148
[タスク] ウィンドウ 119
タスクバー 41
達成率 119
定期的なタスク 144
定期的な予定 128
定型文 60
テキスト形式 48
天気予報 116
添付ファイル 57

な行

ナビゲーションバー 28
並べ替え 72

は行

バックアップ 172
ビュー (タスク) 118
ビュー (メール) 28
ビュー (連絡先) 97
ファイル 56
フォルダー (メール) 76
フォルダー (連絡先) 107
フォルダーウィンドウ 28
フォルダーのクリーンアップ 88
フォント 78
復元 175
複数の宛先 52
フリガナ 94
プロバイダーメール 22
本文 47

ま行

未読メール 70
名刺として送信 104
迷惑メール 82
メール 20
　—の色分け 78
　—の削除 88
　—の作成 46
　—の差出人を連絡先に登録 100
　—の下書き保存 54
　—の自動送受信 92
　—の受信 38
　—の送信 47
　—の転送 50
　—の並べ替え 72
　—の振り分け 82
　—の返信 50
　—を自動で転送 86
メールアカウント 23
　—の設定 22,156
[メッセージ] ウィンドウ 46
メモ 117

や行

予定 124
　—の詳細情報 125
　—の登録 124
[予定] ウィンドウ 117
予定表 116
　—の共有 134
　—からTeamsの会議予定を作成 138

ら行

リッチテキスト形式 48
リボン 34
　—のレイアウト 37
連絡先 94
　—グループ 102
　—の相手にメールを送信 103
　—の削除 106
　—の情報をメールで送信 104
[連絡先] ウィンドウ 94

■お問い合わせの例

FAX

1 お名前
技評　太郎

2 返信先の住所またはFAX番号
03-××××-××××

3 書名
今すぐ使えるかんたんmini Outlookの基本と便利がこれ1冊でわかる本[Office 2021/Microsoft 365両対応]

4 本書の該当ページ
60ページ

5 ご使用のOSとソフトウェアのバージョン
Windows 11
Outlook 2021

6 ご質問内容
手順3の操作が完了しない

今《いま》すぐ使《つか》えるかんたんmini《ミニ》 Outlook《アウトルック》の基本《きほん》と便利《べんり》がこれ1冊《さつ》でわかる本《ほん》[Office《オフィス》 2021/Microsoft《マイクロソフト》 365 両《りょう》対応《たいおう》]

2023年10月17日　初版　第1刷発行

著者●リブロワークス
発行者●片岡 巌
発行所●株式会社 技術評論社
東京都新宿区市谷左内町21-13
電話　03-3513-6150　販売促進部
03-3513-6160　書籍編集部
装丁／本文デザイン●坂本 真一郎（クオルデザイン）
イラスト●高内 彩夏
編集／DTP●リブロワークス
担当●田村 佳則（技術評論社）
製本／印刷●図書印刷株式会社

定価はカバーに表示してあります。

ISBN978-4-297-13731-1 C3055

Printed in Japan

お問い合わせについて

本書に関するご質問については、本書に記載されている内容に関するもののみとさせていただきます。本書の内容と関係のないご質問につきましては、一切お答えできませんので、あらかじめご了承ください。また、電話でのご質問は受け付けておりませんので、必ずFAXか書面にて下記までお送りください。
なお、ご質問の際には、必ず以下の項目を明記していただきますようお願いいたします。

1 お名前
2 返信先の住所またはFAX番号
3 書名
今すぐ使えるかんたんmini　Outlook
の基本と便利がこれ1冊でわかる本
[Office 2021/Microsoft 365 両対応]
4 本書の該当ページ
5 ご使用のOSとソフトウェアのバージョン
6 ご質問内容

なお、お送りいただいたご質問には、できる限り迅速にお答えできるよう努力いたしておりますが、場合によってはお答えするまでに時間がかかることがあります。また、回答の期日をご指定なさっても、ご希望にお応えできるとは限りません。あらかじめご了承くださいますよう、お願いいたします。
ご質問の際に記載いただきました個人情報は、回答後速やかに破棄させていただきます。

問い合わせ先

〒162-0846
東京都新宿区市谷左内町21-13
株式会社技術評論社　書籍編集部
今すぐ使えるかんたんmini Outlook
の基本と便利がこれ1冊でわかる本
[Office 2021/Microsoft 365 両対応]
質問係

FAX番号　03-3513-6167

URL：https://book.gihyo.jp/116